第一次用
Docker
就上手

感謝家人一直以來對我工作的理解與支持，還有寶寶劉思彤今年馬上要上一年級了，相信你已經準備好了，加油！沒有你們背後默默的支持與鼓勵，絕對沒有今天的自己，謝謝你們！

——劉天斯

感謝 SNG 社交網路運營部平台技術運營中心同事們的支持和幫助。

——李金榜

感謝家人和同事對我的支持和幫助，感謝一起編寫本書的同事，沒有你們的鞭策，我無法堅持下來。

——尹燁

很榮幸能有機會參與本書的創作。感謝在編寫本書過程中家人和同事對我生活的照顧和工作的支持，同時感謝其他三位作者對我參與寫書的鼓勵和支持。

——陳純

前言

－為什麼要寫這本書－

Docker 自 2013 年誕生以來，在短短幾年就迅速引爆 IT 技術圈，全球各大知名 IT 企業也紛紛加入。Docker 社群的火爆程度也是前所未有，周邊的技術案例、平台工具也是層出不窮，其中也不乏一線 IT 公司的身影，如 Google、微軟、Red Hat、VMware 等。在這樣的大背景下，大家對掌握及運用 Docker 技術的慾望也越來越強烈。因此，四位作者走到了一起，開始謀劃這本書籍。

作者群來自騰訊不同事業群及中心，都有針對各自不同應用場景做 Docker 技術研究及應用的實踐經驗，在研究的過程中，大家也將自己的研究歷程、成果做了整合，最終形成了本書的初稿，包括讀者比較關心的 Docker 網路及儲存、日常運營到原始碼探索，循序漸進的內容組織結構，可以讓不同程度的讀者均能有效地閱讀和吸收。

本書的初衷是將研究、使用 Docker 過程中可能碰到的問題，以及解決的方法與觀念做個自我梳理與總結，同時與大家分享。最終目的是讓每位關注 Docker 技術的人受益。

－讀者對象－

系統架構師、維運人員、運營開發、DevOps 人員、雲端運算工程師、系統管理員或企業網管、大專院校資訊相關科系的學生與教師。

－如何閱讀本書－

本書分為四部分：

第一部分為基礎篇，包括第 1 ～ 4 章，介紹 Docker 的基礎知識及原理，介紹 Docker 是什麼，可以做什麼，以及如何使用 Docker 技術，包括了安裝、建立容器與映像檔、運行等。

第二部分為進階篇，包括第 5 ～ 11 章，著重講解如何實現容器管理、映像檔管理、倉庫管理、網路和儲存管理及專案日常維護，又補充了最新版本 Docker Swarm 容器叢集和 Docker 外掛開發等內容。

第三部分為案例篇，包括第 12 ～ 15 章，藉由對三個不同編排技術實現的 Docker 服務案例講解，讓讀者暸解一個完整的平台的建置。

第四部分為原始碼探索篇，為第 16 章，介紹了 Docker 的原始碼結構和如何修改和編譯 Docker，為讀者更深入學習研究 Docker 提供一個方向。

其中第三部分以接近實戰的實例來講解，相比於前兩部分更獨立。如果你是一名經驗豐富的 Linux 管理員且具有 Docker 基礎，可以直接切入進階篇；但如果你是一名初學者，請一定從 Docker 的基礎理論知識開始學習；如果你對 Docker 的原始碼分解比較感興趣，可以直接閱讀第 16 章。

－勘誤和支持－

由於水準有限，且編寫時間倉促，書中難免會出現一些錯誤或者不準確的地方，懇請讀者批評指正。為此，特意創建一個在線支持與應急方案問答站點 http://qa.liuts. com。你可以將書中的錯誤發佈到「錯誤反饋」分類中，同時如果你遇到任何問題或有任何建議，也可以到問答站點進行發表，我將盡量在線上為讀者提供最滿意的解答。我也會將相應的功能更新及時更正出來。如果你有更多的寶貴意見，歡迎加入「循序漸進學 Docker」讀者 QQ 群（QQ 群帳號 559435845），期待能夠得到你們的真摯反饋。

一致謝一

首先要感謝 dotCloud 公司，是他們創立了 Docker 這個容器引擎，同時也要感謝為 Docker 整個生態圈貢獻大量周邊元件的所有作者，是你們讓 Docker 技術發展得越來越好，開源的精神與力量在你們身上體現得淋漓盡致。

感謝王冬生兄貢獻他在工作中的案例（Docker 離線系統應用案例），內容具有非常高的實用價值，感謝公司各位領導及同事，感謝本書的所有作者，在大家的努力下終於促成了這本書的合作與出版。感謝機械工業出版社華章公司的編輯楊福川、姜影老師，在這一年多的時間中始終支持我的寫作，你的鼓勵和幫助引導我能順利完成全部書稿。

contents

PART 3
案例篇

PART **4**
原始碼探索篇

CHAPTER 16 | **Docker 原始碼探索**

PART 1
基礎篇

## CHAPTER 1

全面認識 Docker

歡 迎來到 Docker 的世界。Docker，Golang 社群殺手級的應用程式，是 Github 上最活躍的專案之一，也是開源社群最受歡迎的專案。

Docker，號稱要成為所有雲端應用程式的基石，並把網際網路升級到下一代。

開發（Dev）、測試（Testing）、維運（Ops）人員看到 Docker，都激動地說：「太好了，這正是我所需要的！」

Docker 是什麼，能解決什麼問題，為什麼這麼熱門？本章將一一道來。

1.1 Docker 是什麼

首先，我們瞭解一下 Docker 產生的歷史背景和目前發展的情況，藉由一些比喻，讓大家對 Docker 有一個初步認識和瞭解。

1.1.1 Docker 的由來

Docker 是 dotCloud 公司開源的一款產品。dotCloud 公司是 2010 年新成立的一家公司，主要基於 PaaS（Platform as a Service，平台即服務）平台為開發者提供服務。在 PaaS 平台下，所有的服務環境已經預先設定好了，開發者只需要選擇服務類型、上傳程式碼就可對外服務，不需要花費大量的時間建構服務和設定環境。dotCloud 的 PaaS 平台已經做得足夠好了，它支援幾乎所有主流的 Web 程式設計語言和資料庫，可以讓開發者隨心所欲地選擇自己需要的程式設計語言、資料庫和程式設計框架，而且它的設定非常簡單，每次編碼後只需要執行一個命令就能把整個網站部署上去；並且利用多層次平台的概念，理論上，它的應用程式可以執行在各式類型的雲端運算服務上。兩三年下來，雖然 dotCloud 也在業界獲得不錯的口碑，但由於整個 PaaS 市場還處於培育階段，dotCloud 公司表現得不慍不火，沒有出現爆發性的增長。

2013 年，dotCloud 的 CEO Solomon Hykes 決定把 dotCloud 內部使用的 容器（Container）技術單獨拿出來開源。2013 年 3 月發佈 Docker 的 0.1 版，並且基本維持每月一個版本的迭代更新速度，到了 8 月，Docker 已經相當熱門，並廣受好評，各式各樣的技術論壇和技術高峰會都開始熱烈討論與推薦 Docker，這時 Docker 才只發佈到 0.6 版。

隨著 Docker 的流行，越來越多的優秀開發者加入 Docker 社群參加開發。值得一提的是，Docker 是基於版本 3.8 以上的 Linux 核心（Linux kernel），在 aufs（advanced multi-layered unification filesystem，高階多層統一檔案系統）下建置的，主要執行在 Ubuntu 的系統下。REHL/Centos 當時最新版 6 系列還是基於 Linux 核心 2.6.32，無法執行 Docker。為了讓 REHL/Centos 盡快支援 Docker，RedHat 公司的工程師親自出馬為 Docker 貢獻程式碼，新增對 device mapper 的支援來實現檔案系統分層，終於順利地讓 Docker 在 REHL/Centos 執行起來。

隨著 Docker 在業界的知名度越來越高，到了 2013 年 10 月，dotCloud 公司索性更名為 Docker Inc.，工作的重心也從 PaaS 平台業務轉向全面圍繞 Docker 來開發。到了 2014 年 1 月，Docker 公司宣佈完成 15,000 萬美元的融資，雅虎聯合創始人楊致遠也參與跟投。

雖然 Docker 遲遲沒有發佈 1.0 版，但已有許多公司紛紛把 Docker 應用到生產環境。其中，美國著飾品電商 Gilt 的 CTO 說：「使用 Docker 以後，突然之間，傳統方式中的各種問題都消失了，我們接下來要考慮如何進一步提高軟體生產效率，讓軟體發展更加安全和創新。這種轉變太不可思議了！」

千呼萬喚，到了 2014 年 6 月 9 日，Docker 終於發佈了 1.0 版，並舉辦了 DockerCon 2014 大會，大會上來自 Google、IBM、RedHat、Rackspace 等公司的核心人物均

發表了主題演講，紛紛表示支援並加入 Docker 的陣營。Docker 的 CTO Solomon Hykes 充滿雄心壯志地說：「我們能把網際網路升級到下一代！」Google 的基礎架構部副總裁 Eric Brewer 也附和道：「容器技術曾是 Google 的基礎，我們和 Docker 聯手，把容器技術打造為所有雲端應用程式的基石。」

Google 自 2004 年就開始使用容器技術，目前他們每週要啟動超過 20 億個容器，每秒鐘新啟動的容器就超過 3000 個，在容器技術方面有大量的積累。曾相繼開源了 Cgroup 和 Imctfy 這兩個重量級專案。Google 相當支持 Docker，不僅把 Imctfy 先進之處融入 Docker 中，還把自己的容器管理系統（kubernetes）也開源出來。

2014 年 8 月，不缺錢的 Docker 再次融資，融資超過 4 千萬美元，估值達到 4 億美元。

所有的雲端運算大公司，如 Azure、Google 和亞馬遜等都在支援 Docker 技術，這實際上也讓 Docker 成為雲端運算領域的一大重要組成部分。

2014 年 10 月 15 日，Azure 副總裁 Jason Zander 宣佈了微軟與 Docker 的合作夥伴關係；2014 年 11 月 5 日，Google 發佈支援 Docker 的產品 Docker Google Container Engine；2014 年 11 月 13 日，Amazon 發佈支援 Docker 的產品 AWS Container Service。至此，幾個重要的雲端運算大公司都已經支援 Docker 技術，這不僅讓 Docker 成為雲端運算領域的一個重要級成員，也讓 Docker 成為雲端應用程式部署的事實上的標準。

2014 年 12 月，Docker 發佈了 Docker 叢集管理工具 Docker Machine 和 Docker Swarm，代表著 Docker 開始突破一個標準的容器框架，打造屬於 Docker 自己的叢集平台和生態圈。

2015 年 4 月，Docker 公司宣佈完成了 9500 萬美元的 D 輪融資。

2015 年 10 月，Docker 收購 Tutum，Tutum 本身已經實現對亞馬遜網路服務（AWS）、Digital Ocean、微軟的 Azure 等主流雲端服務商的良好支援。

2016 年 1 月，Docker 官方計畫全面支援自身的 Alpine Linux，使用它建置的基礎映像檔最小只有 5M。

截至 2017 年 4 月，Docker 在 Github 上已經有 41,872 個關注（star）、12,647 個 Fork，在 Github 所有專案中排第 19 位，在雲端平台管理領域排名第一，遠遠超越 Openstack 專案的 2,075 個關注、1,116 個 Fork。

2017 年 3 月開始，Docker 分為兩種版本，一種是社群版的 Docker CE，另一種則是企業版的 Docker EE。並將版本號從原本的 x.x.x 更改為 YY.MM，並分為每月發佈一次嘗鮮版 Edge，以及每季發佈一次的穩定版 Stable。

2017 年 4 月，發佈了 Linux 容器套件 LinuxKit 與客製化容器專案 Moby Project。而 Docker 也步向 RedHat 以往的腳步，將原本 Docker 名稱在產品與開源專案定位不明的情況下，正式將 Docker 定義為產品，而原本的開源專案正式更名為 Moby，Github 上 Docker/Docker 專案也更改名稱為 moby/moby。

1.1.2 Docker 為什麼這麼熱門

Docker 從誕生到現在，短短兩年時間，已經成為開源社群最熱門的專案，鋒頭已經遠遠蓋過了近年來很流行的 Puppet 和 OpenStack。那麼 Docker 的竄起到底是一種炒作、一種跟風，還是它確實名副其實、眾望所歸呢？

要回答這個問題，首先看看當前我們所處的環境和面臨的問題。

隨著電腦近幾十年的蓬勃發展，產生了大量優秀系統和軟體。例如：

- 作業系統，如 REHL/Centos、Debian/Unbuntu、FreeBSD、OpenSuse 等。
- 程式設計語言，如 Java、C/C++、Python、Ruby、Golang 等。
- Web 伺服器，如 Apache、Nginx、Lighttpd 等。
- 資料庫，如 Mysqld、Redis、Mongodb 等。

現在的軟體發展人員真是幸運，可以在這麼多種類中自由選擇。自由選擇的結果是，維護一個非常龐大的開發、測試和生產環境，開發、測試和維運人員都被種類繁多的環境折騰得筋疲力盡，不得不收縮戰線，每種類型的軟體只選擇一兩種來支援。許多優秀的開發框架和軟體儘管有不少優秀特性，但因為維護麻煩，便沒有了用武之地。

即便每種類型的軟體只選擇一兩種來支援，隨著作業系統和軟體版本的更新迭代，維護工作還是變得越來越龐大。

面對這種情況，業界高手群策群力，提供了很多解決方案，比較有代表的是 Puppet 和 OpenStack。

- Puppet 是集中的設定管理系統，它把檔案、使用者、cron 任務、套件、系統服務等抽象為資源，並透過自有的語言描述資源間的相依關係，集中管理各類資源的安裝設定。Puppet 主要適用於需要大量部署相同服務的應用情境（application scenario）。

- OpenStack 是開源的雲端運算管理平台專案，可以幫助企業內部實現類似於 Amazon EC2 的雲端基礎設施即服務（IaaS，Infrastructure as a Service）。雖然靈活，但元件繁多、建置複雜，比較適合中大型企業使用。

Puppet 和 OpenStack 雖然比較流行，但適應的情境有限，不具備通用性。正當大家在眾多方案中左右為難時，Docker 出現了，它作為一個開源的應用程式容器引擎，讓開發者可以封裝他們的應用程式及相依環境到一個可移植的容器中，然後發佈到任何執行有 Docker 引擎的機器上。它集版本控制、克隆繼承、環境隔離等特性於一身，提出一整套軟體建置、部署和維護的解決方案，可以非常方便地幫助開發人員，讓大家可以隨心所欲地使用軟體而又不會深陷到環境設定中。

這只是 Docker 的一個應用情境而已，Docker 能做的事情還有很多。

作為電腦的從業人員，下面情境你或許碰到過。

小 A 是一名資深程式設計師，作為新招聘實習生的導師，小 A 要給實習生的開發機裝一套和自己開發機一樣的執行環境，不僅要安裝 Nginx、Java、MySQL 和一些相依套件等，還要修改相關的設定檔。結果花了一天時間，小 A 也沒把實習生的開發環境搞定，在徒弟面前顏面盡失，尷尬不已。

小 B 是一名測試工程師，他根據開發給的文件、部署的服務，測試出一大堆問題，透過和開發的溝通，發現是開發和測試環境不一致引起的。

小 C 作為一名維運工程師，同時維護開發、測試、生產三套環境，經常在不同環境下封裝相同的套件，做大量重複工作。

小 D 同時在為三個專案開發功能模組，他要不停地修改他的開發環境，以適應在三個專案間開發、測試。

小 E 發現伺服器被入侵過，他想知道什麼檔案被篡改過。

小 F 從離職同事那裡接手一個系統，文件不全，突然一臺機器硬體故障，他不知道該如何重新部署這個應用程式。

小 G 新上線一個遊戲，遊戲受歡迎的程度超乎預期，需要緊急擴增（Scale-in）伺服器規模，花了一兩個小時才完成擴增，期間使用者體驗很卡，流失不少潛在使用者。

小 H 和小 I 共同維護一套系統，分工輪流值夜班，但一出現突發故障，排查問題時，即便半夜，還需要把對方叫醒，確認對方在前一天有沒有變更過什麼設定。

小 M 的一個機房要裁撤了，該機房的數千個應用程式都要遷移到其他機房，小 M 覺得這項工作非常龐大，半年時間都未必能完成。

但是如果使用 Docker，這些根本不算什麼，幾分鐘就能搞定。

Docker 的解決方案簡單、靈活、高效，還很直觀，甚至不需要改變太多現有的使用習慣，就可以和已有的工具，如 Puppet、OpenStack 等配合使用。各種優勢讓 Docker 脫穎而出，有鶴立雞群的感覺，Docker 的爆紅也就不難理解了。

1.1.3　Docker 究竟是什麼

按照官方的說法，Docker 是一個開源的應用程式容器引擎。很多人覺得這個說法太抽象，不容易理解。

那我們就從最熟悉的事物說起吧！但凡從事過電腦相關行業的人，對 Java、Android 和 Github 都很熟悉。

先說 Java，在 Java 之前的程式設計語言，像 C/C++，是嚴重依賴平台的，在不同平台下，需要重新編譯才能執行。Java 的一個非常重要的特性就是與平台無關性，而使用 Java 虛擬機器是實現這一特性的關鍵。Java 虛擬機器遮蔽了與具體平台相關的資訊，使得 Java 語言編譯器只需生成可以在 Java 虛擬機器上執行的目的碼（位元組碼，Bytecode），就可以在多種平台上不加修改地執行。Java 虛擬機器在執行位元組碼時，把位元組碼解釋成具體平台上的機器指令執行。

軟體部署也依賴平台，Ubuntu 的套件在 CentOS 下可能就執行不起來。和 Java 虛擬機器類似，Docker 使用容器引擎解決平台相依問題，它在每臺主機（Host）上都啟動一個 Docker 的守護行程（Daemon），守護行程遮蔽了與具體平台相關的資訊，對上層應用程式提供統一的介面。這樣，Docker 化的應用程式，就可以在多個平台下執行，Docker 會針對不同的平台，解析給不同平台下的執行驅動、儲存驅動和網路驅動去執行。

Java 曾提出「Write Once，Run Anywhere」，而 Docker 則提出了「Build once，Run anywhere，Configure once，Run anything」。雖然，Java 和 Docker 是為了解決不同領域的問題，但在平台移植方面卻面臨相同的問題，使用的解決方式也相似。

提起 Android，大家想到什麼？它是一個開源的手機作業系統，也是一個生態圈，它的應用程式以 apk 形式封裝、發佈，可以執行在任何廠商的 Android 手機上。它還有一個官方的 Android Market——Google Play，提供各式各樣的 Android App，我們需要某個 App 時，就從 Google Play 上搜尋下載，手機開發者也可以編寫一些 App，發佈到 Google Play，提供給別人使用，Android 也允許在第三方的 Android Market 中下載或上傳應用程式。

如果把軟體部署的應用程式看作 Android 的 App，Docker 簡直和 Android 一模一樣，Docker 是一個開源的容器引擎，也有自己的生態圈，它的應用程式以映像檔（image）的形式發佈，可以執行在任何裝有 Docker 引擎（Docker Engine）的作業系統上。它有一個官方的映像檔倉庫（Docker Hub），提供各式各樣的應用程式，當需要某個應用程式時，就從官方的倉庫搜尋並下載，個人開發者也可以提交應用程式到官方倉庫，分享給別人使用。Docker 也允許使用第三方的應用程式映像檔倉庫。

最後，再談談 Github。它主要用來做版本控制，不僅可以比較兩個版本的差異，還可以基於某些歷史版本建立新的分支。

使用 Docker 後，軟體部署的應用程式也可以具備類似 Github 的版本控制功能，對應用程式做一些修改，提交新版本，執行環境可以在多個版本間快速切換，自由選擇使用哪個版本對外提供服務。

藉由和 Java、Android、Github 的對比，大家對 Docker 應該有了比較直觀的認識，Docker 用來管理軟體部署的應用程式，Docker 把應用程式封裝成一個映像檔，映像檔帶有版本控制功能，應用程式的每次修改迭代就對應映像檔的一個版本，製作好的映像檔可以發佈到映像檔倉庫，分享給別人；也可以直接從映像檔倉庫下載別人製作好的應用程式，不做任何修改，即可執行。

1.2　Docker 的結構與特性

透過上一小節的介紹，大家對 Docker 有一個初步的瞭解。本節再來聊一下 Docker 的組織結構。

1.2.1　Docker 構成

如果把 Docker 當作一個獨立的軟體來看，它就是用 Golang 寫的開源程式，採用 C/S 架構，包含 Docker Server 和 Docker Client，原始碼託管在 https://github.com/moby/moby 上。

如果把 Docker 看作一個生態的話，它主要由兩部分組成：Docker Hub 和 Docker 自身程式。拿 iPhone 做比喻的話，Docker Hub 相當於 iPhone 的 AppStore（應用程式商店），Docker 相當於 iPhone 的 iOS 手機作業系統。

▶ 1. Docker 官方倉庫

Docker Hub 為 Docker 官方映像檔倉庫，為 https://hub.Docker.com，上面的應用程式映像檔非常豐富，既有各大公司封裝的應用程式，也有大量個人開發者提供的應用程式，如圖 1-1 所示。

▲　圖 1-1　Docker Hub 截圖

▶ 2. Docker 自身程式

Docker 本身是一個單機版的程式，它執行在 Linux 作業系統之上，屬於使用者空間（User space）程式，透過一些介面和 Linux 核心互動。它在機器上的位置如圖 1-2 所示。

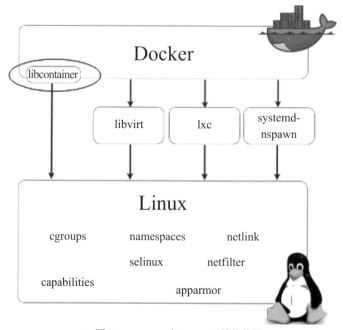

▲ 圖 1-2　Docker 在 Linux 系統的位置

由於 Docker 需要用到 Linux 的 cgroups、namespaces 等特性，所以目前只能執行在 Linux 環境下，當然，透過虛擬機器，也可以在 Windows 和 Mac 上使用 Docker。

Docker 是一個 C/S 的架構，它的 Docker Daemon（Docker 守護行程）作為 Server 端，在主機上以後臺守護行程的形式執行。Docker Client 使用比較靈活，既可以在本機上以 bin 命令的形式（如 Docker info、Docker start）發送指令，也可以在遠端透過 RESTful API 的形式發送指令；Docker 的 Server 端接收指令並把指令分解為一系列任務去執行。

▶ 3. 工作流程

我們知道了 Docker 的構成，那麼該如何使用 Docker 呢？

首先，要在 Linux 伺服器上安裝 Docker 套件，並啟動 Docker Daemon。然後，就可以透過 Docker Client（Docker CLI）發送各種指令，Docker Daemon 執行完指令，將結果傳回 Client 端。

假如要啟動一個新的 Docker 應用程式 app1（名字是隨便起的），它的工作流程大致如圖 1-3 所示。

❶ Docker Client 向 Daemon 發送啟動 app1 指令。

❷ 因為我們的 Linux 伺服器只裝有 Docker 套件，根本沒有 app1 相關軟體或服務，Docker Daemon 就發請求給 Docker 的官方倉庫，在倉庫中搜尋 app1。

❸ 如果找到 app1 這個應用程式，就把它下載到我們的伺服器上。

❺ Docker Daemon 啟動 app1 這個應用程式。

❻ 把啟動 app1 應用程式是否成功的結果返回給 Docker Client。

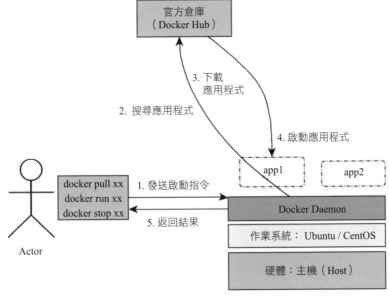

▲ 圖 1-3　Docker 工作流程

Docker 的其他操作，例如停止或刪除 Docker 應用程式和啟動的流程差不多，這裡就不再一一介紹了。

1.2.2　Docker 化應用程式的存在形式

我們知道，經過20多年的發展，Linux 下的應用軟體已經不計其數，不但種類繁多，而且安裝部署方式也千奇百怪、不一而足，如有些軟體相依特定作業系統、有些相依特定 Linux 核心版本、有些相依一些第三方程式和共用函式庫等。另外，不同作業系統、不同的系統版本，軟體的設定和啟動方式也存在很大的差異。

既然軟體安裝部署方式沒有一個統一的標準，那麼 Docker 的官方倉庫該如何做呢？總不能針對每個軟體，寫一個安裝說明書吧！

換個角度想一下，使用者的需求其實就是能夠執行軟體。至於怎麼安裝軟體、軟體執行在什麼作業系統下使用者不太關心。那麼，就把軟體和它相依的環境（包括作業系統和共用函式庫等）、相依的設定檔封裝在一起，以虛擬機器的形式放到官方倉庫，供大家使用。只要有虛擬機器的執行環境，就可以不做任何修改把軟體輕鬆地執行。這種方式甚至不需要大家重複安裝和設定軟體，只要有一個人把軟體安裝和設定好，提交到官方倉庫，其他人下載後就可以直接以虛擬機器的形式執行。我們以這種方式解決了軟體安裝部署方式沒有一個統一標準的問題，如圖 1-4 所示。

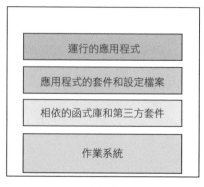

▲ 圖 1-4　應用程式的組織形式（一）

但這種軟體部署方式卻存在很多問題，一般一個套件大小也就數 M 到幾十 M 不等，但一個作業系統卻有好幾個 G。如果每個軟體都帶上它相依的作業系統，那麼每個軟體都有幾個 G，不要說執行，僅僅下載一個軟體都要數小時，是不是有「撿了芝麻丟了西瓜」的感覺？

Docker 為了解決這個問題，引入分層的概念。把一個應用程式分為任意多個層，例如作業系統是第一層，相依的函式庫和第三方程式是第二層，應用程式的套件和設定檔是第三層。如果兩個應用程式有相同的底層，就可以共用這些層。

以圖 1-4 為例，假如應用程式 A 和應用程式 B 作業系統版本是一樣的，它們就可以共用這一層，安裝應用程式 A 時需要下載作業系統層，安裝 B 應用程式就不用下載作業系統層，只需要下載它的相依套件和自身的套件。因為主流的作業系統也就那麼幾個，最差情況下，也就把常用的作業系統都安裝一遍，然後，包含作業系統的套件就和傳統的套件一樣大小了，如圖 1-5 所示。

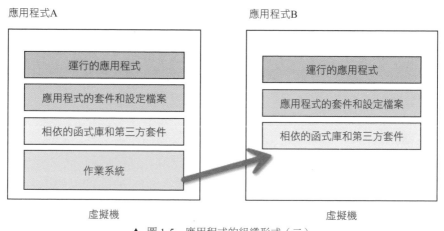

▲ 圖 1-5　應用程式的組織形式（二）

但這種共用層存在衝突問題，例如，應用程式 A 需要修改作業系統的某個設定，應用程式 B 不需要修改。如何解決這個衝突呢？我們規定層次是有優先順序的，上層和下層有相同的檔案和設定時，上層覆蓋下層，資料以上層的資料為準。我們給每個應用程式一個優先順序最高的空白層，如果需要修改下層的檔案，就把這個檔案複製到這個優先順序最高的空白層進行修改，保證下層的檔案不做任何改變。這樣，從應用程式A的角度來看，檔案已經修改成功了，而從應用程式B的角度來看，檔案沒發生任何改變，如圖1-6所示。

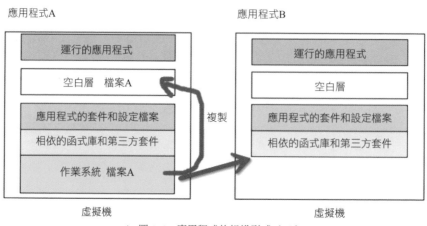

▲ 圖 1-6　應用程式的組織形式（三）

Docker的分層和寫入時複製（Copy-on-write）策略，解決了包含作業系統的應用程式所占容量會比較大的問題。但我們知道，主流的虛擬機器（KVM、Xen、VMWare、VirtualBox等）一般比較笨重，除了虛擬機器本身執行要消耗大量的系統資源（CPU、記憶體等）外，啟動一個虛擬機器也需要花費數分鐘，如何把虛擬機器做到輕量化呢？

以OpenVZ、VServer、LXC為代表的容器類虛擬機器，是一種核心虛擬化技術，與Host執行在相同Linux核心，不需要指令級模擬，效能消耗非常小，是非常羽量級的虛擬化容器，虛擬容器的系統資源消耗和一個一般的行程差不多。Docker就是使用LXC（後來又推出libcontainer）讓虛擬機器變得輕量化。

在Docker的官方倉庫裡，只需它有完整的檔案系統和套件程式，沒有動態生成新檔案的需求；當把它下載到Host上執行對外提供服務時，有可能修改檔案（例如輸出新日誌到日誌檔中），需要有空白層用於寫入時複製。Docker把這兩種不同狀態做了區分，分別叫作映像檔（image）和容器（container），如圖1-7所示。

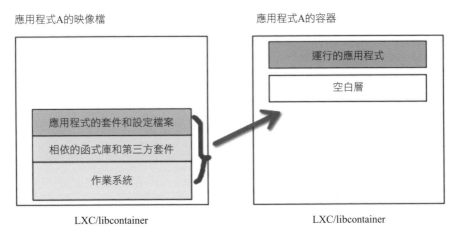

▲ 圖 1-7　應用程式的組織形式（四）

在倉庫中的應用程式都是以映像檔的形式存在的，把映像檔從 Docker 倉庫中下拉（pull）到本機，以這個映像檔為基礎啟動應用程式，就叫容器。

綜上所述，映像檔指的是以分層的、可以被 LXC/libcontainer 理解的檔案儲存格式。Docker 的應用程式都是以這種格式發佈到 Docker 倉庫中，供大家使用。把應用程式映像檔從 Docker 倉庫下載到本地機器上，以映像檔為基礎，在一個容器類虛擬機器中把這個應用程式啟動，這個虛擬機器叫作容器。

在 Docker 的世界裡，映像檔和容器是它的兩大核心概念，幾乎所有的指令和文件都是圍繞這兩個概念展開的。

1.2.3　Docker 對變更的管理

對於軟體發展來說，版本迭代、版本回退是常態，Docker 對變更管理又有什麼特別之處呢？

假若有一個應用的 Docker 映像檔，它的 1.0 版本有三層，每層檔案的大小如圖 1-8 所示。

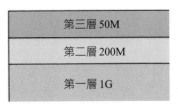

▲ 圖 1-8　應用程式的分層結構和大小

接下來，我們需要對它做如下修改：

- 修改位於第一層的檔案 A。
- 刪除位於第二層的檔案 B。
- 加入一個新的檔案 C。

Docker 會新增一個第四層，針對上面的修改需求，它處理方法如下：

- 把第一層的檔案 A 複製到第四層，修改檔案 A 的內容。
- 在第四層，把名稱為 B 的檔案設定為不存在。
- 在第四層，建立一個新的檔案 C。

透過增加一個第四層，我們的版本變更為 1.1，如圖 1-9 所示。

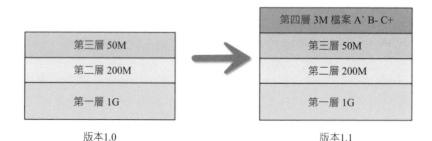

▲ 圖 1-9　應用程式兩個版本之間的變化

我們想把應用程式的 1.1 版發佈到 Docker 倉庫，供其他 Host 使用。Docker 的倉庫已經存在這個應用程式映像檔的 1.0 版本，也就儲存有這個應用程式的第一層、第二層和第三層，我們上傳 1.1 版本時，不需要重複上傳前三層，只需要把第四層（只有 3M 大小）上傳到 Docker 倉庫就可以了。

有一臺遠端伺服器，正在執行這個應用程式的 1.0 版，它想升級到 1.1 版。因為本機上已經有這個應用程式的前三層，所以只需要從 Docker 倉庫把第四層下載下來，就可以執行 1.1 版，如圖 1-10 所示。

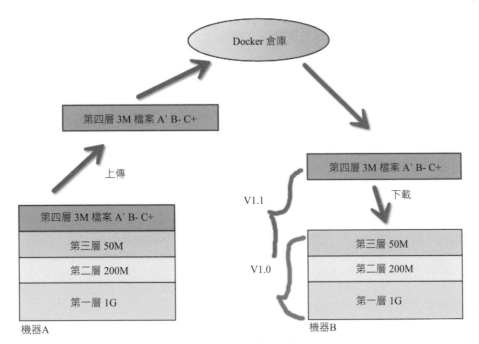

▲ 圖 1-10　應用程式版本變更流程

綜上所述，Docker 不僅具有版本控制功能，並且還能利用分層特性做到增量更新。

1.3　為什麼使用 Docker

當深入瞭解 Docker 後，你想在公司或部門推廣 Docker，就需要讓大家明白為什麼要使用 Docker。

說明 Docker 是什麼時，你的聽眾是一批 Docker 愛好者，Docker 的原理和實現細節講得越深入、越具體，就越受大家的歡迎；當說明為什麼要使用 Docker 時，你的聽眾有主管，有開發、測試和維運人員，而他們可能從來沒聽過 Docker，或者對 Docker 知之甚少，他們更關注 Docker 能帶來什麼價值，引入 Docker 需要對現有的系統或程式做多大改造，Docker 是不是夠穩定，學習和使用 Docker 的成本有多高等問題。

1.3.1 從程式碼管理說起

現在的軟體專案，失敗的原因主要是結構設計不合理、程式設計人員水準不高、程式 bug 太多等因素。不管專案有多大，參與的成員有多多，程式修改多麼頻繁，很少是由管理上混亂導致專案失敗的。究其原因，主要是我們有非常優秀的程式碼管理工具——Git 和 SVN。它們有版本控制和中心倉庫這兩大核心功能，能保證大家不用擔心以下問題：

- 快速把程式碼分享給別人。

- 多人同時修改一個檔案，導致程式碼不一致。

- 分不清每個人在什麼時間都提交過什麼程式碼。

- 程式碼被誤刪誤改，不知道哪些檔案被刪被改，也恢復不到以前的狀態。

- 變更和新分支太多，混亂到無法維護的地步。

版本控制功能不僅能清晰記錄每個開發者在什麼時間交過什麼程式碼，還能讓大家在各個版本間自由地切換、融合。大家如果要對齊開發環境，不需要逐一列出檔案的名字、檔案的內容，只需要簡單地說下版本號，就能保證大家的檔案完全一致。

中心倉庫可以保證多人協作有一個統一的平台，既可以與別人分享程式碼和開發進度，也可以對每個人的程式碼做異地備份，防止因為機器故障而導致資料遺失。

軟體部署和程式碼管理面臨很多相似的問題：

- 如何把一臺機器的應用環境分享給其他機器使用，用於規模擴增（Scale-in）和故障時服務轉移。

- 同一功能模組的多臺機器，軟體版本和設定檔映像檔出現不一致，很難被發現。

- 多人維護一套系統，很難清楚地記錄下每個人都做過什麼操作、每次變更都有哪些內容，以便在故障時快速回退。

- 有些設定檔或資料被誤刪了，無法恢復，甚至很長一段時間都察覺不到。

- 隨著作業系統版本、軟體、硬體的更新反覆運算，系統維護的複雜度直線上升，混亂不堪。

既然程式碼管理做得這麼好，那軟體部署為什麼不借鑒程式碼管理的方法呢？

程式碼管理的物件是純文字檔案（程式碼），體積小，有統一規範的檔案編碼方式，對平台無相依。而軟體部署管理的物件是一個環境，除了檔案，還有二進位的軟體和它相依的執行環境（包括作業系統和相依函式庫）。由於作業系統和相依函式庫的體積很大，難以完全照搬程式碼管理的方式，用版本控制和中心倉庫來解決軟體部署的問題。

1.3.2 當前的最佳化策略

下面讓我們看看，對於軟體部署，目前主流的解決方案是什麼樣子的。

把環境分為兩個部分：基礎環境和應用程式環境。

- 基礎環境：包含機器硬體、作業系統、提供基礎服務的系統程式（如 ssh、syslog 等）。

- 應用程式環境：包含應用程式需要的各種套件和設定檔（雖然套件中也可以包含設定檔，但對於一些變更頻繁和需要客製化設定的檔案，最好還是獨立出來）。

對這兩種類型的環境，採取不同的策略：

- 基礎環境標準化，盡量保持完全一致。例如，使用相同的硬體伺服器，執行相同版本的作業系統和基礎軟體。

- 應用程式環境分解出一個個獨立服務，每個服務再分解為套件和設定檔，使用版本控制和中心倉庫來對套件與設定進行管理。

整體的解決方案如圖 1-11 所示。

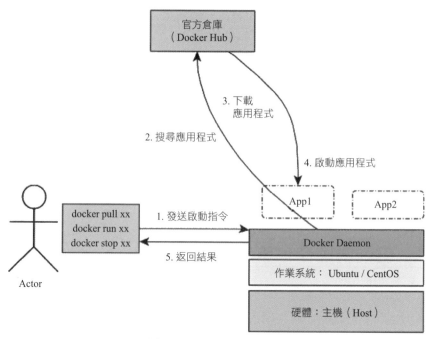

▲ 圖 1-11　Docker 整體的解決方案

在這個解決方案中，我們把套件和設定都版本化，每次變更都提交一個版本到中心倉庫，然後再下載到各臺機器上。由於每臺機器的基礎環境都保持一致，所以軟體部署時可以不關注底層作業系統的適配問題，在一臺機器封裝編譯的應用程式可以快速遷移到其他機器。

這個解決方案，在基礎環境一致的前提下，實現了分解版的版本控制和中心倉庫，針對分解出來的軟體安裝套件和設定檔，可以透過版本來管理，並且可以把套件和設定提交到中心倉庫，讓所有其他機器分享。

這個方案，存在以下兩個問題：

- 基礎環境難以改動：因為上層應用環境的軟體和設定檔都是基於基礎環境編譯與設定的，一旦基礎環境發生改變，可能導致上層的套件和設定不能正常工作。

- 應用程式環境的維護成本取決於套件和設定的數量：由於應用環境不是一個統一整體，而是分解出一個個套件和設定，隨著套件和設定的增多，維護的複雜性也隨之增加。

1.3.3 Github 版的應用程式部署解決方案

Github 是最流行、最優秀的程式碼管理平台，Docker 借鑒了 Github 的管理概念，打造了一個 Github 版的應用程式部署的管理方案。

如果使用 Docker 來管理部署應用程式，解決方案如圖 1-12 所示。

和上一節的方案進行比較：

* 基礎環境靈活，對硬體和作業系統都沒有限制，只需要在每臺機器上安裝 Docker Engine，用於執行 Docker 應用程式。

* 應用程式環境也不再分解為一個個套件和設定檔，而是作為一個有機的整體，這個有機的整體包含應用程式需要的所有套件、設定檔和它相依的執行環境（作業系統和相依函式庫），帶有版本控制功能，也可以提交到中心倉庫供大家共用。由於 Docker 的映像檔中包含應用程式執行需要的所有套件、設定和系統環境，下載映像檔後不需要做任何安裝設定，應用程式就可以直接執行，不會隨著應用程式中套件和設定數量的增加，導致安裝部署變得複雜。

Docker 方案完美地把程式碼管理中的版本控制和中心倉庫概念移植到應用程式部署領域，讓大家頓時從應用程式部署繁瑣、重複的工作中解脫出來，可以像使用 Github 管理程式碼那樣優雅地管理應用程式的部署工作。

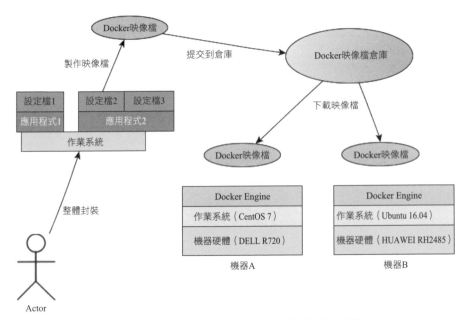

▲ 圖 1-12　使用 Docker 來製作和下載映像檔流程圖

Docker 這個方案能順利實施，一個關鍵點是透過分層共用和增量變更技術，把應用程式的執行環境（包括作業系統在內）這麼一個龐大的體積順利瘦身，讓應用程式執行環境的安裝和修改在大多數情況下與只裝套件一樣輕量、簡單。分層共用和增量變更技術在 1.2.2 節有過詳細講解，這裡就不再複述了。

1.3.4　Docker 應用情境

下面描述兩個典型的 Docker 應用情境，如圖 1-13 所示。

在這兩個應用情境中，有開發、測試（QA）和維運人員，分別維護開發、測試和生產環境的服務，他們有一個私有的 Docker 倉庫，儲存著各式各樣的 Docker 化的應用程式映像檔。

▶ 情境一

現在有一個需求,需要對應用程式 App1 做修改、測試和發佈新的變動到生產環境,工作步驟如下:

❶ 開發者先從私有倉庫找到 App1 這個應用程式最新穩定版本,假設為 v1.0,把這個 App1:v1.0 下載到開發機,修改,並提交新版本 v1.1 到私有倉庫,並告訴測試人員測試。

❷ 測試人員下載開發者剛提交的 App1:v1.1,測試並把測試結果回饋給開發者。

❸ 如果測試失敗,開發繼續修改,提交新版本給測試人員做新一輪的測試;如果測試成功,開發把要發佈的應用程式名稱和版本號提供給維運同事。

❹ 維運人員根據開發提供的應用程式名稱和版本號,把相關映像檔從私有倉庫下拉到各個生產環境的機器上,停掉舊版本的 Docker 容器,啟動新版本的 Docker 容器,完成發佈。生產環境的機器上可以同時快取應用程式的多個版本映像檔,如果新發佈的版本有問題,可以快速切換回原來的版本。

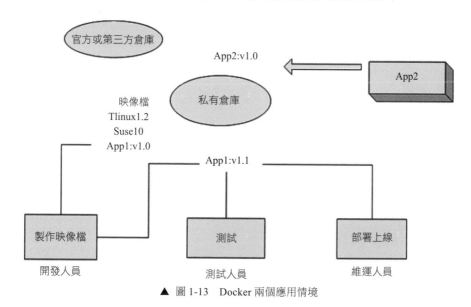

▲ 圖 1-13 Docker 兩個應用情境

因為 Docker 的應用程式映像檔包含應用程式執行需要的所有套件、設定和作業系統，所以開發者封裝好 Docker 映像檔，測試和維運人員從私有倉庫下拉，不需要做任何修改就可以執行，並保證和開發者執行的環境完全一致。「一處編譯，到處執行」，真的很方便。

▶ 情境二

有一個應用程式 App2，目前在生產環境正常執行，但由於系統比較老、缺乏維護、開發和維運經歷過更替且交接文件不全，現在誰都不知道該如何部署 App2 這個應用程式到新伺服器上。

如果 App2 是 Docker 化的應用程式，它可以直接把執行的環境轉換為一個帶版本號的 Docker 映像檔（例如 App2:v1.0），提交到私有倉庫，供開發者修改或維運人員發佈新機器。

1.3.5　Docker 可以解決哪些痛點

▶ 1. 開發人員

不管在大公司還是小公司，開發人員經常被如下問題困擾：

- 為了節省成本，一臺開發機多人使用，管理混亂，相互干擾。

- 一個開發往往只用一套開發環境，同時有多個開發任務時，不得不反覆修改開發環境，以適應不同的開發任務。

- 多個開發人員希望保持相同的開發環境開發同一個專案，但開發環境難以複製，即便大家起初的開發環境一樣，隨著專案的進行、開發環境的不停更新，很難保證每個人的開發環境都同步更新。

- 開發機硬體故障，需要更換新機器，重新建置開發環境是件頭疼的事。如果硬體故障，重要資料沒備份，那就更讓人崩潰。

- 打算研究一下新軟體，但安裝設定文件複雜，光是把軟體安裝、執行起來就要花費大半天時間。

上面問題帶來的工作量不能體現開發人員的核心價值，但卻是不得不面對的。

如果使用 Docker，可以輕鬆解決上述問題：

- Docker 化的應用程式使用容器虛擬化技術，每個應用程式都執行在獨立的虛擬化環境中，天然具有隔離性，不用擔心一機多用造成的管理混亂。

- 開發人員在多工開發時，可以同時啟動這些應用程式的 Docker 容器，每一個 Docker 應用程式有一個獨立的執行環境，互不干擾。

- 開發機硬體故障，在新開發機上，重新從 Docker 倉庫下拉開發環境的映像檔，一兩分鐘內就可以重新建置一套開發環境，並且即便新舊開發機的硬體和作業系統不一致，重新建置的開發環境仍能保持和原來的環境一模一樣。另外，還可以透過 Docker 倉庫，把重要變更即時備份到遠端。

- Docker 的每個複雜軟體都可以製作成 Docker 映像檔，分享給大家使用。隨著 Docker 的流行，幾乎所有主流的軟體都提供 Docker 化的部署方式。軟體部署將成為再簡單不過的事情。

▶ 2. 測試人員

測試人員經常費了九牛二虎之力測出一些 bug，和開發逐一核對，發現大多數 bug 都是開發和測試環境不一致造成的。

測試人員經常為設定不同的測試環境浪費大量的時間，還是不能保證和開發環境完全保持一致，開發人員雖然很認真負責地告訴測試人員如何設定測試環境，但還是常會遺漏一些設定。

使用 Docker，不需要做任何設定，就能保證開發和測試環境完全一致，測試人員只需要關注測試本身就可以了。

▶ 3. 維運人員

維運人員大部分時間都浪費在裝軟體、修改設定上，重複單調，經常半夜還要起來做緊急規模擴增（Scale-in）、將故障機器上的服務遷移。如果使用了 Docker，好處顯而易見：

- 服務具備快速部署能力，規模擴縮（Scaling）、版本回朔在幾秒鐘內就可以完成。

- 基於同一個 Docker 映像檔部署服務，可以保證每臺機器應用程式完全一致。

- 由於 Docker 化應用程式是虛擬化，多個應用程式可以混合部署在一臺機器上，互不干擾，可以提高機器使用率。

- Docker 化的應用程式可以執行在不同的硬體和作業系統平台下，在不同的環境自由遷移。

- 透過 Dockerfile 管理 Docker 映像檔，即使系統多次易手、交接文件不全，維運人員也可以快速瞭解系統是如何建置的。

- Docker 宣導「Build once，Run anywhere」，再繁瑣的活兒，只需要做一次，製作成 Docker 映像檔，在任何環境下都可以執行；還可以基於這個 Docker 映像檔做修改，製作新的映像檔。

上面只列出幾項好處，維運在使用 Docker 的過程中，還會發現很多意想不到的好處。一句話，Docker 可以讓維運工作變得簡單和易於維護。

1.3.6　Docker 的使用成本

坦白說，Docker 是有學習和使用成本的。

Docker 雖然已經做得非常簡單易用，但由於它的定位是虛擬化容器，是一個單機版的應用程式，如果要基於 Docker 建置叢集或 PaaS 管理系統，如 Web 管理介面、任務調度策略、監控回報等，則還需要自己開發或從開源社群尋求支援。

另外，傳統的維運是以機器為中心，而 Docker 是以應用程式為中心，它會顛覆我們一些固有的維運習慣和維運方式。

但好在 Docker 有非常活躍的社群，不但有大量的開發者為 Docker 貢獻程式碼、修復 bug，讓 Docker 越來越好用、越來越穩定；還有大量的學習資料和問題解答。另外，很多公司和個人也為 Docker 提供大量優秀的第三方開源軟體，如 kubernetes、fig（現在的 Docker Compose）、etcd 和 cadvisor 等。這些都有助於進一步降低 Docker 學習和使用的門檻。

如果你被上面的理由說服了，那就趕快跟著本書，學習和使用 Docker 吧！

1.4 本章小結

本章簡單介紹了 Docker 是什麼，它有哪些特色，以及它適用於哪些情境和能帶來哪些好處。它靈活便利，但也有一定的學習成本。下面章節中我們將循序漸進，講解 Docker 的使用方法。

## CHAPTER 2

初步體驗
Docker

上　一章概括性地介紹了 Docker 的發展歷史、組織結構、功能特性和使用情境
　等方面的內容。本章主要從實踐的角度，介紹如何在本機建置一個 Docker
執行環境。

由於大多數使用者的個人電腦用的都是 Windows 系統，所以我們就先來講講在
Windows 環境下如何安裝和執行 Docker。

2.1　Windows 下安裝 Docker

Docker 在 Windows 環境下安裝有兩種方案，如果作業系統是使用 64 位元的
Windows 10 Pro, Enterprise 和 Education 版本的使用者，可以直接到官網下載
Stable Channel 的 Docker for Windows (https://www.docker.com/docker-windows)。
如果不符合前述需求，但作業系統是 64 位元 Windows 7 及以上版本的系統（包含
Windows 8/8.1 和 Windows 10）則是透過 Toolbox 安裝。

兩者的差別在於，前者是比較新且穩定的安裝方式，但對作業系統的要求比較高，
後者雖然是比較早期的桌面安裝方式，但是適用於版本沒這麼高的 Windows 和
macOS 系統。為了配合比較大眾的環境，本書以 Toolbox 作為示例。

另外，要確保 CPU 是支援虛擬化的，並且系統的虛擬化是打開的。我們也可以先
跳過系統是否支援虛擬化的檢查直接安裝 Docker。安裝執行過程中如果出現錯誤
再回頭檢查。

安裝步驟如下：

❶ 到官網 https://www.docker.com/toolbox 下載
Docker Toolbox。

▲ 圖 2-1　安裝成功後的圖示

❷ 按兩下 Docker Toolbox，按照指引進行安裝。

❸ 如果安裝成功，在桌面上會有如圖 2-1 所示的
兩個快捷圖示。
其中 Kitematic 是 Docker 圖形化管理方式，Docker Quickstart 是命令列管理方
式。

❹ 按兩下執行 Docker Quickstart 圖示。如果出現如圖 2-2 所示的執行結果，則表
示安裝正常。

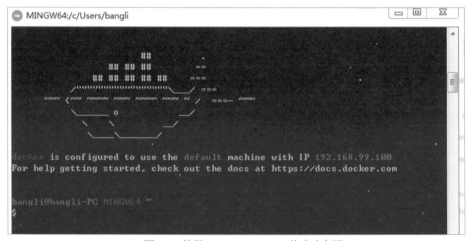

▲ 圖 2-2　執行 Docker Quickstart 的成功介面

如果出現如圖 2-3 所示的執行結果，表示系統的虛擬化是被禁止的。

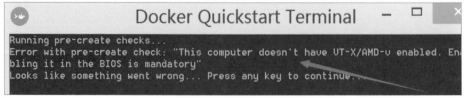

▲ 圖 2-3　執行 Docker Quickstart 的報錯介面

❺ 如果系統的虛擬化是被禁止的,可以透過如下方式檢查。

在 Windows 7 下,透過下載 Microsoft® Hardware-Assisted Virtualization Detection Tool(https://www.microsoft.com/en-us/download/details.aspx?id=592)工具,按照螢幕提示檢查。

Windows 8 以上的版本,則只需要在 Windows 的狀態列上按滑鼠右鍵,選擇「工作管理員(T)」,在彈出的視窗上,按一下左下角的「更多詳細資料(D)」選擇「效能」,找到右邊的「模擬」,查看是否支援,如圖 2-4 所示。

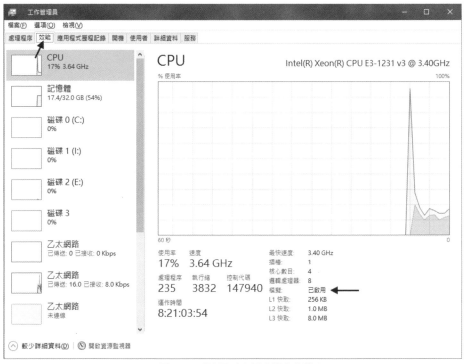

▲ 圖 2-4　系統是否支援虛擬化的檢查

❻ 經過確認,如果由於系統禁用虛擬化導致 Docker 執行失敗,需要在開機的 BIOS 中啟動虛擬化,電腦型號不同,BIOS 的設定方式略有不同。

❼ 如果設定成功,可以透過執行下面的命令確認 Docker 工作是否正常。

執行如下命令：

```
$ docker run hello-world
```

得到如下結果：

```
Unable to find image 'hello-world:latest' locally
latest: Pulling from library/hello-world
78445dd45222: Pull complete
Digest: sha256:c5515758d4c5e1e838e9cd307f6c6a0d620b5e07e6f927b07d05f6d12a1
ac8d7
Status: Downloaded newer image for hello-world:latest

Hello from Docker!
This message shows that your installation appears to be working correctly.

To generate this message, Docker took the following steps:
1. The Docker client contacted the Docker daemon.
2. The Docker daemon pulled the "hello-world" image from the Docker Hub.
3. The Docker daemon created a new container from that image which runs
   the executable that produces the output you are currently reading.
4. The Docker daemon streamed that output to the Docker client, which sent
   it
   to your terminal.

......
```

至此，我們的 Docker 在 Windows 下已經安裝成功。如果需要升級，下載最新版本的 Docker Toolbox 重新安裝即可。

Docker 已經安裝成功，接下來，我們以一個例子來講解如何使用 Docker。

2.2 利用 Docker 建置個人部落格

WordPress 是一款功能強大的個人部落格系統。使用者眾多，社群非常活躍，有豐富的外掛程式範本資源。使用 WordPress 可以快速建置獨立的部落格網站。

2.2.1 傳統的安裝方法

按照傳統的安裝方法，參考官方的安裝文件（http://bit.ly/2lEAkLQ），安裝步驟如圖 2-5 所示。

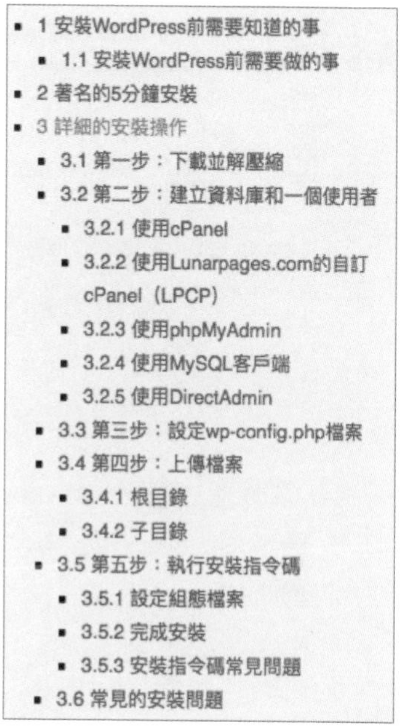

WordPress 執行環境需要如下軟體的支援：

- PHP 7 或更新版本。
- MySQL 5.6 或更新版本 / MariaDB 10.0 或更新版本。
- Apache 和 mod_rewrite 模組。

雖然有「著名的 5 分鐘安裝」，但由於需要安裝 PHP、MySQL 和 Apache 等軟體，對於一個經驗豐富的老手，安裝 WordPress 也需要一個小時的時間。如果使用者對 PHP、MySQL 和 Apache 不熟悉，花費一天甚至一週時間估計也不能把 WordPress 安裝成功。

- 1 安裝WordPress前需要知道的事
  - 1.1 安裝WordPress前需要做的事
- 2 著名的5分鐘安裝
- 3 詳細的安裝操作
  - 3.1 第一步：下載並解壓縮
  - 3.2 第二步：建立資料庫和一個使用者
    - 3.2.1 使用cPanel
    - 3.2.2 使用Lunarpages.com的自訂 cPanel（LPCP）
    - 3.2.3 使用phpMyAdmin
    - 3.2.4 使用MySQL客戶端
    - 3.2.5 使用DirectAdmin
  - 3.3 第三步：設定wp-config.php檔案
  - 3.4 第四步：上傳檔案
    - 3.4.1 根目錄
    - 3.4.2 子目錄
  - 3.5 第五步：執行安裝指令碼
    - 3.5.1 設定組態檔案
    - 3.5.2 完成安裝
    - 3.5.3 安裝指令碼常見問題
  - 3.6 常見的安裝問題

▶ 圖 2-5 傳統 WordPress 安裝步驟

2.2.2 使用 Docker 進行安裝

如果使用 Docker 來安裝 WordPress 呢？一個完全不知道 PHP、MySQL 和 Apache 的使用者，只要透過兩個命令就可以把 WordPress 安裝成功，所花費的時間也只有幾分鐘（主要是從網路上下載 Docker 化的 WordPress）。

下面讓我們來見識一下這兩個神奇的 Docker 指令吧！

按兩下「Docker Quickstart」快捷圖示，出現命令列介面，輸入如下兩個指令：

```
$ docker run --name db --env MYSQL_ROOT_PASSWORD=example -d mariadb
$ docker run --name MyWordPress --link db:mysql -p 8080:80 -d wordpress
```

等待下載完成，WordPress 就已經安裝成功了。

注意！

由於要下載的 mariadb 和 WordPress 檔案比較大，建議盡量使用有線網路。

安裝完成後，如何啟動 WordPress 呢？

在「Docker Quickstart」啟動的命令列介面透過輸入如下指令取得 IP：

```
$ docker-machine.exe ip
192.168.99.100
```

然後在瀏覽器中輸入 http://192.168.99.100:8080，會出現如圖 2-6 所示的介面。

▲ 圖 2-6　安裝成功的引導介面

按照提示,選擇網站支援的語言、輸入網站標題和使用者名稱密碼等資訊,設定就完成了,如圖 2-7 所示。

▲ 圖 2-7 設定成功介面

在瀏覽器中重新輸入 http://192.168.99.100:8080,一個專業的個人部落格就呈現在我們面前了,如圖 2-8 所示。

▲ 圖 2-8 WordPress 使用者介面

在頁面的右下角，在「功能」→「登入」中，輸入使用者名稱、密碼即可進入 WordPress 的管理介面，對部落格進行修改和設定，如圖 2-9 所示。

▲ 圖 2-9　WordPress 管理介面

至此，一個完整的部落格就建置完成了。

2.2.3　解惑

在上一節，我們透過兩個 Docker 指令，就建置好一個個人部落格網站。大家在驚訝的同時，是不是也很疑惑：那兩個 Docker 指令到底是什麼意思？

下面我們就解釋一下。先看第一個指令：

```
$ docker run --name db --env MYSQL_ROOT_PASSWORD=example -d mariadb
```

其中：

docker run 是一個 Docker 指令，後面的所有內容「--name db --env MYSQL_ROOT_PASSWORD=example -d mariadb」是 Docker 指令的參數。

這個指令的含義是啟動一個 MariaDB 資料庫（MySQL 資料庫的一個分支）容器，資料庫的管理員 root 的密碼設定為 example，讓這個資料庫執行在後臺，給它取了一個唯一的名字 db 以作為標識。

這些都是透過參數的指定來實現的。

透過參數最後一部分內容「mariadb」來告訴 docker run 啟動的是一個名為 mariadb 的映像檔。

透過「--env MYSQL_ROOT_PASSWORD=example」參數，設定傳入環境變數 MYSQL_ROOT_PASSWORD 為 example，就會在初始化 MariaDB 時 root 把密碼設定為 example。

透過「-d」參數，把啟動的 MariaDB 容器設定到後臺執行，如果沒有該參數，該行程就會在前臺執行。

透過「--name db」參數，給這個執行的 MariaDB 容器取一個名字。假如我們在一台機器上要啟動多個 MariaDB 容器，就可以透過這個名字定位到不同的資料庫。

另外一個問題是，我們使用 docker run 來執行 MariaDB 的映像檔 mariadb，但 mariadb 從哪裡來呢？ docker run 指令首先會從本機檢查有沒有 mariadb 映像檔，如果沒有，就會從 Docker Hub 搜尋並下載該映像檔（Docker Hub 就像 iPhone 的 AppStore 應用程式商店）。

現在，我們理解了第一個指令是啟動一個 MariaDB 資料庫容器。這是 WordPress 執行環境的三個必需條件之一。接下來看看第二個指令：

```
$ docker run -name MyWordPress --link db:mysql -p 8080:80 -d wordpress
```

和第一個指令非常類似，透過「docker run」在後臺執行 WordPress 程式容器。但它多出兩個參數「--link」和「-p」。

WordPress 是把部落格和個性化資訊儲存到資料庫，所以需要和資料庫建立連接。在第一個指令中我們已經啟動了 MariaDB 容器，並把它命名為 db。在第二個指令中，我們透過「--link db:mysql」參數，把 WordPress 和資料庫兩個容器之間建立起連結。

WordPress 是透過監聽 Apache 的 80 埠對外提供服務。但每台機器的 80 埠只有一個，假如 80 埠被其他應用程式佔用了怎麼辦呢？我們透過「-p 8080:80」參數，把原服務的 80 埠映射到 8080，這樣就可以透過 8080 埠來存取服務。上一節我們訪問 WordPress 的 URL（http://192.168.99.100:8080）埠就是 8080，原因就在於這裡。我們可以透過「-p」把 80 埠映射到任意埠上。

2.3　本章小結

這一章，我們介紹了在 Windows 環境下如何安裝 Docker，並且透過建置啟動 WordPress，讓大家瞭解 Docker 指令的執行方式。大家有沒有被 Docker 的神奇特性深深吸引住呢？如果有，那麼我們接下來就「折騰」得大一些。

## CHAPTER 3

Ubuntu 下
使用 Docker

上一章介紹了在 Windows 下如何建置一個 Docker 執行環境。本章我們要切換環境，在 Ubuntu 系統下使用 Docker。為什麼要切換到 Ubuntu 下呢？還要從 Docker 的執行平台説起。

3.1 Docker 的執行平台

首先，我們需要知道 Docker 可以在哪些作業系統下執行。截止到 2016 年 3 月底，幾乎所有的 Linux 系統（如 Red Hat Enterprise Linux（RHEL）/CentOS、Debian/Ubuntu、gentoo、arch linux 等）和主流的雲端平台服務（如 Amazon EC2、Google Cloud Platform、Rackspace Cloud、阿里雲等）都支援 Docker，非 Linux 平台的 Mac OS X 和 Microsoft Windows 則透過 Docker Toolbox 來支援與執行 Docker。

需要注意的是，雖然幾乎所有的系統和平台都支援 Docker，但並不是每種系統的所有版本都支援。因為 Docker 是 2013 年 3 月才誕生，用到 Linux 核心版本 3.8 以上的系統才具有的一些新特性，剛開始時只是在 Ubuntu 下執行，各大廠商看到 Docker 的優勢，才紛紛擁抱 Docker，推出支援 Docker 的系統版本。所以只有相對比較新的系統版本才開始支援 Docker。

那麼，是不是只有執行 Linux 核心 3.8 以上的系統才能支援 Docker？這個說法基本正確，但 RHEL/CentOS 系列是個例外，因為它沒有用原生的 Linux 核心，它的核心是修改過的，根據需要，它會在 Linux 低版本的核心加入高版本的特性，看到的版本號卻還是低版本的核心編號。正是這個原因，核心版本為 2.6.32-431 的

RHEL/CentOS 6.5 就已經開始支援 Docker 了，因為它把 Linux 高版本核心中支援 Docker 的特性遷移到 2.6.32-431。

由於 Docker 跨平台的特性，不同的系統平台有不同的優勢，使用者可以根據自己的需求進行選擇。

Docker 是在 Ubuntu 下誕生和發展的，Docker 的最新特性都是在 Ubuntu 下開發和測試的，所以 Ubuntu 是支援 Docker 的最好的作業系統。

REHL/CentOS 有強大的研發實力，在保證系統穩定的前提下，可以快速把 Docker 的新特性移植到該系統下，所以對系統穩定性要求比較高的生產環境，推薦使用 REHL/CentOS。

CoreOS 是為 Docker 而生的作業系統，除了充分支援 Docker 外，還整合 etcd、fleet 等，方便對 Docker 的集中管理。最近比較流行的 PaaS 開源軟體 Flynn 和 Deis 都是基於 CoreOS 來做的。CoreOS 是對 Docker 支援最深入的作業系統，但是該系統比較新，穩定性有待時間的檢驗。另外，CoreOS 還推出了自家 Docker-like 的容器——Rocket，後續對 Docker 的支援有待觀察。

在 Docker Toolbox 的幫助下，Docker 在 Windows 和 OS X 系統也有良好的表現，對非 Linux 使用者（大部分的開發者）是一個福音。但是 Windows 和 OS X 系統本身並不支援 Docker，安裝整合套件 Docker Toolbox 透過整合一個 Linux 的虛擬機器，讓 Docker 執行起來，所以對於一些複雜的應用，Windows 環境並不能勝任。我們上一章介紹了 Windows 下的 Docker，主要是為了讓大家快速體驗 Docker，如果大家想深入學習，還是建議大家安裝 Linux 環境（尤其推薦 Ubuntu）。

> **注意！**
>
> Docker 對作業系統的另外一個要求是必須是 64bit 的系統。

如果大家只有一臺 Windows 電腦，建議大家再安裝一個 Ubuntu 系統，形成雙系統。不建議在 Windows 系統下透過虛擬機器安裝 Ubuntu，這樣有些功能體驗不好。

3.2 安裝 Windows 和 Ubuntu 雙系統

安裝 Ubuntu 有很多方法，現在我們只介紹如何透過隨身碟安裝，其他安裝方式大家可以自己去嘗試。

準備工作：

- 一個儲存空間不小於 4G 的隨身碟
- 下載 Ubuntu 安裝光碟映像檔（ISO 檔）

初學者建議使用 64 位元 Ubuntu 的 Xenial 16.04 （LTS） 版本，因為它是 Ubuntu 最新長期維護的版本。下載網址如下：https://www.ubuntu-tw.org/modules/tinyd0

3.2.1 製作 Ubuntu 安裝隨身碟

我們使用 Win32 Disk Imager 工具製作 Ubuntu 的安裝隨身碟，請到官方網站下載，下載位址是：http://sourceforge.net/projects/win32diskimager/files/latest/download

下載後解壓縮，就會在資料夾中看到名為 Win32 Disk Imager.exe 的程式。

透過如下步驟製作安裝隨身碟：

❶ 先插入隨身碟，以管理員的身分執行 Win32 Disk Imager。

❷ 選擇接入隨身碟的磁碟機代號（Drive letter）（電腦最好只接入一個隨身碟，以免選錯）。

❸ 在 Image File 中，選擇系統 ISO 檔（注意：ISO 檔需要放在英文目錄下，即不能放在中文目錄下）。在「存檔類型」中選擇 *.*，這樣才能發現 ISO 檔。

❹ 按一下「Write」按鈕。

如圖 3-1 所示。

▲ 圖 3-1　Win32 Disk Imager 使用介面

等待 10 分鐘左右，會有彈出式視窗提示製作成功。

3.2.2　透過隨身碟安裝 Ubuntu

安裝 Ubuntu 之前，務必把電腦上的重要資料備份，並且預留一個空白的磁碟分割
（不小於 30G）給 Ubuntu 使用。然後在 BIOS 中設定 USB 優先啟動，接著插入安
裝隨身碟，重啟電腦，就進入 Ubuntu 安裝介面，如圖 3-2 所示。

▲ 圖 3-2　安裝方式選擇介面

接下來按一下「繼續」按鈕，直到出現如圖 3-3 所示的介面，選擇最下面的「其他
選項」。

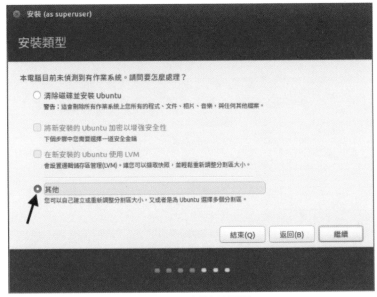

▲ 圖 3-3　安裝類型選擇

進入分區介面，找到預留給 Ubuntu 的磁碟分割，按一下下面的「 - 」號刪除該分區，形成一個空白分區，如圖 3-4 所示。

▲ 圖 3-4　磁碟分割 1

選中該空白分區，然後按一下下方的「＋」號，建立 swap 交換分區，如圖 3-5 所示。

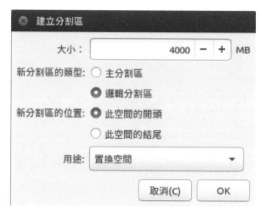

▲ 圖 3-5　磁碟分割 2

按相同的方法建立 /boot 分區和 / 根分區。如圖 3-6 和圖 3-7 所示，注意各分區的大小、用於的檔案系統和掛載點。

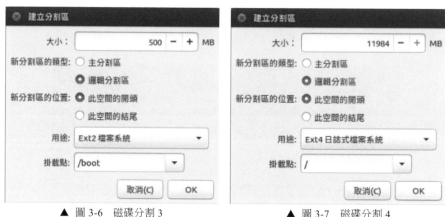

▲ 圖 3-6　磁碟分割 3　　　　　　　▲ 圖 3-7　磁碟分割 4

建立完分區如圖 3-8 所示。

▲ 圖 3-8　磁碟分割 5

檢查是否已建立了 swap 交換分區、/boot 分區和 / 根分區這三個分區。然後勾選「格式化 / 根分區」，按一下「立刻安裝」按鈕，按照引導安裝，安裝完成後，重啟。這時你會看到 GNU GRUB 的選擇介面，第一個是 Ubuntu，最後一個是 Windows。可以分別進到兩個系統，看看系統是否正常。如果正常，就代表 Ubuntu 已經安裝成功了，接下來就可以安裝 Docker 了。

3.3 在 Ubuntu 下安裝 Docker

透過 GNU GRUB 選擇進入 Ubuntu 系統，設定好網路。

先透過下面命令更新一下 apt 套件清單。

```
$ sudo apt-get update
```

安裝 Docker 有兩種方式。

▶ 方法一：透過 apt 安裝 docker-ce

這個方法雖然略為繁瑣，但好處是未來可以透過 apt-get 去直接升級、移除 Docker。

新增 Docker 套件庫

如果主機是第一次透過這個方法安裝 Docker，必須先將 Docker 套件庫加入 Ubuntu 套件庫清單。

首先，安裝以下套件讓 APT 可以透過 HTTPS 協定使用套件庫。

```
$ sudo apt-get install -y \
  apt-transport-https \
  ca-certificates \
  curl \
  software-properties-common
```

然後加入 Docker 官方的 GPG 金鑰，並檢查金鑰的 fingerprint 是否為 9DC8 5822 9FC7 DD38 854A E2D8 8D81 803C 0EBF CD88。

```
$ curl -fsSL https://download.docker.com/linux/ubuntu/gpg | sudo apt-key
add -
$ sudo apt-key fingerprint 0EBFCD88

pub    4096R/0EBFCD88 2017-02-22
       Key fingerprint = 9DC8 5822 9FC7 DD38 854A  E2D8 8D81 803C 0EBF CD88
uid                    Docker Release （CE deb） <docker@docker.com>
sub    4096R/F273FCD8 2017-02-22
```

最後加入 Docker 的套件庫。

```
$ sudo add-apt-repository \
  "deb [arch=amd64] https://download.docker.com/linux/ubuntu \
  $（lsb_release -cs） \
  stable"
```

安裝 Docker

這邊要注意的是，原先常使用的 docker.io 套件雖然還保留著，但已經是被官方棄
用的。現在官方是使用 docker-ce（社群版）、docker-ee（企業版）作為套件名稱。
若沒有特別需求，安裝 docker-ce 即可。

```
$ sudo apt-get update
$ sudo apt-get install docker-ce
```

▶ 方法二：使用官方提供的安裝腳本

此方法可以安裝最新版本的 Docker，包括 Edge 版本（嘗鮮版）。未來要更新也只
要重新執行腳本即可。安裝命令如下：

```
$ sudo apt-get install curl
$ curl -sSL https://get.docker.com/ | sh
```

▶ 測試 Docker

安裝完成後，Docker 的守護行程（daemon）會自動在背景執行。然後，可以透過如下腳本檢查 Docker 安裝是否成功。

```
$ sudo docker run hello-world
Unable to find image 'hello-world:latest' locally
latest: Pulling from library/hello-world
78445dd45222: Pull complete
Digest: sha256:c5515758d4c5e1e838e9cd307f6c6a0d620b5e07e6f927b07d05f6d12a1
ac8d7
Status: Downloaded newer image for hello-world:latest

Hello from Docker!
This message shows that your installation appears to be working correctly.

To generate this message, Docker took the following steps:
1. The Docker client contacted the Docker daemon.
2. The Docker daemon pulled the "hello-world" image from the Docker Hub.
3. The Docker daemon created a new container from that image which runs
   the executable that produces the output you are currently reading.
4. The Docker daemon streamed that output to the Docker client, which sent
   it to your terminal.

To try something more ambitious, you can run an Ubuntu container with:
 $ docker run -it ubuntu bash

Share images, automate workflows, and more with a free Docker ID:
 https://cloud.docker.com/

For more examples and ideas, visit:
 https://docs.docker.com/engine/userguide/
```

如果不想每次執行 Docker 都使用 sudo 指令，可以把使用者加到 Docker 群組中。例如，我的使用者名稱為 harney，則加入命令如下：

```
$ sudo usermod -aG docker harney
```

重啟後再次執行 Docker 的指令，直接輸入「docker ......」，不需要加「sudo」了。本
書後面會假定讀者都已經執行此步驟，所以不需要 root 權限就可以執行 Docker。

現在在 Ubuntu 下的 Docker 已經安裝成功了。

3.4　再次體驗 Docker

我們介紹了如何在 Ubuntu 系統下安裝 Docker，並且指出 Ubuntu 是對 Docker 支援
最好的系統。這一節我們就再次介紹幾個例子，讓大家更深入地體驗 Docker。

3.4.1　再看個人部落格 WordPress 的建置

還記得第 2 章在 Windows 環境下透過兩個 Docker 指令建置 WordPress 嗎？現在切
換到 Ubuntu 系統下，再來看看這兩個指令是否有效。

打開 Ubuntu 的終端機（Terminal），在命令列依序執行這兩個 Docker 指令。

```
$ docker run --name db --env MYSQL_ROOT_PASSWORD=example -d mariadb
$ docker run --name MyWordPress --link db:mysql -p 8080:80 -d wordpress
```

由於需要下載幾百 MB 的檔案，請耐心等待指令執
行完成。

之後透過瀏覽器拜訪 http://localhost:8080，或是
透過 ifconfig 命令查看本機的 IP 位址。例如，
我 的 位 址 是 192.168.10.103，在 瀏 覽 器 中 輸 入
http://192.168.10.103:8080，就會出現如圖 3-9 所示
的介面，它和 Windows 底下的 WordPress 設定介面
完全一樣。

在 Windows 和 Ubuntu 不同系統環境下，我們使用
相同的 Docker 指令，就可以把 WordPress 安裝成功。
這體現了 Docker 非常優良的跨平台的特性。

▲ 圖 3-9 WordPress 安裝成功介面

3.4.2 開源的版本控制利器——GitLab

作為一名程式設計師，都應該知道「程式設計師的維基百科全書」：GitHub。它提供 Web 化的介面，很方便地對大型專案的程式碼進行協作開發和版本控制。但它也存在一些缺點，舉例來說託管的專案必須公開程式碼，若要建立私有倉庫（程式碼不公開）就需要收費等等。

GitLab 是一個類似 GitHub 的開源程式碼管理工具，它實現了 GitHub 大部分功能。它的優勢是可以實現本地部署，建置公司內部的版本控制系統。

下面，我們還是利用 Docker，看看如何建置 GitLab 服務。

▶ 1. 建置 GitLab 服務

我們使用 sameersbn/docker-gitlab 來建置 GitLab 服務，專案位址為 https://github.com/sameersbn/docker-gitlab。它的執行環境由如下三部分組成：

- postgresql 資料庫
- redis 快取服務
- gitlab 服務

使用 Docker 命令依序啟動這三個服務。

啟動 postgresql：

```
$ docker run --name gitlab-postgresql -d \
  --env 'DB_NAME=gitlabhq_production' \
  --env 'DB_USER=gitlab' --env 'DB_PASS=password' \
  --env 'DB_EXTENSION=pg_trgm' \
  sameersbn/postgresql:9.6-2
```

啟動 redis：

```
$ docker run --name gitlab-redis -d sameersbn/redis:latest
```

啟動 gitlab：

```
$ docker run --name gitlab -d \
  --link gitlab-postgresql:postgresql --link gitlab-redis:redisio \
  --publish 10022:22 --publish 10080:80 \
  --env 'GITLAB_PORT=10080' --env 'GITLAB_SSH_PORT=10022' \
  --env 'GITLAB_SECRETS_DB_KEY_BASE=long-and-random-alpha-numeric-string' \
  --env 'GITLAB_SECRETS_SECRET_KEY_BASE=long-and-random-alpha-numeric-
string' \
  --env 'GITLAB_SECRETS_OTP_KEY_BASE=long-and-random-alpha-numeric-string'\
  sameersbn/gitlab:9.1.0-1
```

這三個 Docker 指令與安裝 WordPress 的 Docker 指令和參數基本一樣，唯一不同的是，傳遞的環境變數和映射的埠更多。從這裡可發現一個特點：**Docker 指令中的參數標識符可以重複使用，例如，如果傳遞多個環境變數，就連續使用多個 --env**。

▶ 2. 測試 GitLab

上一節，我們已經建置好了 GitLab 服務，接下來看看如何使用它。

首先透過 ifconfig 命令查看本機 IP，然後透過 http://192.168.10.103:10080 就可以看到如圖 3-10 所示的介面。

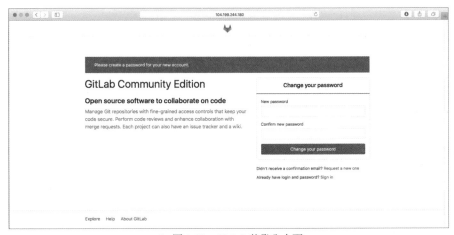

▲ 圖 3-10　GitLab 的登入介面

系統預設的使用者名稱：root，密碼：5iveL!fe，在介面的右上側，輸入後就可以體驗 GitLab 了。

我們建立了一個專案，就可以像 GitHub 那樣使用了，介面如圖 3-11 所示。

▲ 圖 3-11　GitLab 專案介面

3.4.3　專案管理系統—Redmine

Redmine 是一套跨平台的專案管理系統，它藉由「專案（Project）」的形式把成員、問題（issue）、文件、討論及各種形式的資源組織在一起，大家參與更新任務、文件等內容來推動專案的進度，同時系統利用時間線索和各種動態的報表形式來自動給成員彙報專案進度。另外，它還整合了 Wiki 文件、版本控制、bug 追蹤等功能。Redmine 是專案管理不可或缺的好工具。

▶ 1. 建置 Redmine 服務

建置 Redmine 服務，我們使用 sameersbn/redmine 映像檔，專案網址如下：
https://github.com/sameersbn/docker-redmine

兩個 Docker 指令就可以搞定。

第一個指令：

```
$ docker run --name=postgresql-redmine -d \
  --env='DB_NAME=redmine_production' \
  --env='DB_USER=redmine' \
  --env='DB_PASS=password' \
  sameersbn/postgresql:9.6-2
```

第二個指令：

```
$ docker run --name=redmine -d \
  --link=postgresql-redmine:postgresql \
  --publish=10083:80 \
  --env='REDMINE_PORT=10083' \
  sameersbn/redmine:3.3.2-1
```

▶ 2. 測試 Redmine

Docker 指令中，我們把 Redmine 的對外服務埠映射到 10083，所以我們可以透過 http://192.168.10.103:10083 造訪，介面如圖 3-12 所示。

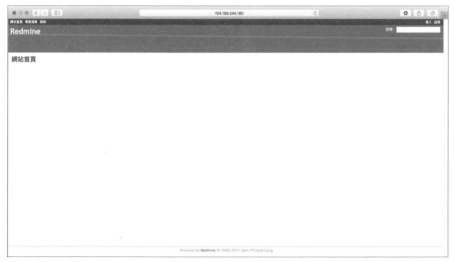

▲ 圖 3-12　Redmine 登入介面

可以輸入系統預設使用者（使用者名稱：admin，密碼：admin）進行深入體驗。

3.5 本章小結

本章我們先介紹了主流作業系統對 Docker 的支援情況，以及如何安裝 Ubuntu 系統和在 Ubuntu 環境下安裝 Docker。最後我們舉了三個應用程式為例子，介紹 Docker 如何部署服務。後續章節我們會繼續結合這三個應用程式例子，深入探討 Docker 的使用方法。

## CHAPTER 4

Docker 的基礎知識

上 一章我們安裝了 Ubuntu 系統並且舉了三個例子講解了如何使用 Docker 來
安裝應用程式，非常簡單方便。那麼它是如何做到的呢？這一章我們就深
入 Docker 的內部，來瞭解它的執行原理。

4.1　Docker 的基本概念和常用操作指令

上一章，我們透過 docker run 指令建立並啟動了三個 Docker 應用程式。Docker 提
供了 docker ps 命令來查看容器相關的行程。

```
$ docker ps |awk '{print $2, $NF}'
IMAGE NAMES
sameersbn/redmine:3.3.2-1 redmine
sameersbn/postgresql:9.6-2 postgresql-redmine
sameersbn/gitlab:9.1.0-1 gitlab
sameersbn/redis:latest gitlab-redis
sameersbn/postgresql:9.6-2 gitlab-postgresql
WordPress MyWordPress
mariadb db
```

docker ps 指令輸出多項資訊，我們只列出 IMAGE 和 NAMES 兩列。在建置
WordPress 時使用的指令：

```
$ docker run --name db --env MYSQL_ROOT_PASSWORD=example -d mariadb
$ docker run --name MyWordPress --link db:mysql -p 8080:80 -d WordPress
```

可以看出，docker run 命令的最後一項參數是 mariadb 和 WordPress，--name 的參數是 db 和 MyWordPress，分別對應 docker ps 的 IMAGE 和 NAMES。

那麼 IMAGE 和 NAMES 代表什麼含義呢？其實它們分別對應 Docker 的兩個重要概念：映像檔和容器。

下面我們來瞭解一下 Docker 的幾個基本概念。

4.1.1　Docker 三大基礎元件

Docker 有三個重要的概念：倉庫（Repository）、映像檔（Image）和容器（Container），它們是 Docker 的三大基礎元件，如圖 4-1 所示。

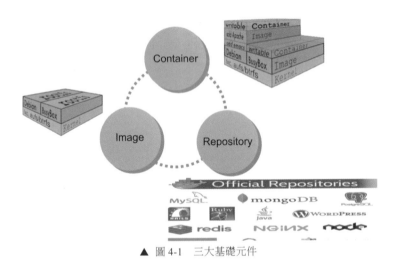

▲ 圖 4-1　三大基礎元件

首先，Docker 官方給使用者提供一個官方的 Docker 倉庫（Docker Hub），它就像 iPhone 手機的應用程式商店（App Store），裡面存放著各式各樣已經封裝好的 Docker 應用程式——Docker 映像檔（Docker image）。

其次，使用者就可以搜尋自己需要的映像檔，下載到本機。Docker 映像檔是為了滿足特殊用途而按照 Docker 的規則製作的應用程式，有點類似於 Windows 裡面的安裝套件。

最後，使用者就可以利用 Docker 映像檔建立 Docker 容器，容器會啟動預先定義好的行程與使用者互動，對外提供服務。容器都是基於映像檔而建立的，基於一個映像檔可以建立若干個名字不同但功能相同的容器。

瞭解了 Docker 的三大基礎元件，再來看看這個指令：

```
$ docker run --name MyWordPress --link db:mysql -p 8080:80 -d WordPress
```

這個指令做了這些事情：

先在本機查詢有沒有 WordPress 映像檔，如果沒有，就到 Docker 倉庫查詢該映像檔，然後下載到本機。

基於 WordPress 映像檔建立容器 MyWordPress，提供個人部落格服務。所以，我們透過 docker ps 可以查到名字（Name）是 MyWordPress，所使用的映像檔是 WordPress 的容器。

4.1.2 常用的 Docker 指令

前面我們已經接觸過兩個 Docker 指令，docker run 和 docker ps。這一節，我們就從整體上系統地介紹一下 Docker 指令。

我們在命令列終端輸入 docker，就可以看到 Docker 的指令用法及支援的指令：

```
$ docker
Usage: docker COMMAND
A self-sufficient runtime for containers
Options:
      --config string       Location of client config files
  -D, --debug               Enable debug mode
      --help                Print usage
  -H, --host list           Daemon socket(s) to connect to (default [])
  -l, --log-level string    Set the logging level
      --tls                 Use TLS; implied by --tlsverify
```

```
      --tlscacert string    Trust certs signed only by this CA
      --tlscert string      Path to TLS certificate file
      --tlskey string       Path to TLS key file
      --tlsverify           Use TLS and verify the remote
  -v, --version             Print version information and quit

Management Commands:
  ......

Commands:
  attach       Attach to a running container
  build        Build an image from a Dockerfile
  commit       Create a new image from a container's changes
  ......
  wait         Block until one or more containers stop, then print their exit codes

Run 'docker COMMAND --help' for more information on a command.
```

Docker 指令的基本用法：

```
$ docker + <命令關鍵字（COMMAND）> + [ 一系列的參數（[ARG...]）]
```

例如，對於下面的指令來說，run 是命令關鍵字，後面的內容都是參數。

```
$ docker run --name MyWordPress --link db:mysql -p 8080:80 -d WordPress
```

如果我們不瞭解某個命令關鍵字支援哪些參數，可以透過下面指令取得說明：

```
$ docker COMMAND --help
```

例如，如果想瞭解 docker run 的用法，使用如下命令：

```
$ docker run --help

Usage: docker run [OPTIONS] IMAGE [COMMAND] [ARG...]

Run a command in a new container

Options:
  --add-host list              Add a custom host-to-IP mapping（host:ip）
（default []）
  -a, --attach list            Attach to STDIN, STDOUT or STDERR（default []）
  --blkio-weight uint16        Block IO（relative weight）
  --blkio-weight-device weighted-device   Block IO weight（relative
device weight）
  --cap-add list               Add Linux capabilities
  --cap-drop list              Drop Linux capabilities
  --cgroup-parent string       Optional parent cgroup for the container
  --cidfile string             Write the container ID to the file
......
```

一直到 Docker 的 17.03.1-ce 版，Docker 一共支援 53 個指令，操作物件主要針對四個方面：

❶ 針對 Docker daemon（Docker 守護行程）的系統資源設定和全域資訊的取得。例如：docker info、docker system。

❷ 針對 Docker 倉庫的查詢、下載操作。例如：docker search、docker pull。

❸ 針對 Docker 映像檔的查詢、建立、刪除操作。例如：docker images、docker build。

❹ 針對 Docker 容器的查詢、建立、開啟、停止操作。例如：docker ps、docker run。

Docker 指令除了直接使用外，還支援賦值、解析變數、嵌套等使用。

例如：

例 1：取得容器的 ID，並根據 ID 提交到倉庫。用到了賦值、解析變數功能。

```
$ ID=$（docker run -d ubuntu echo hello world）
$ echo $ID
529faef66a17451ef495348bd8e7d10d4c34c0c5f7b00c1f71032bff49fa1d30
$ docker commit $d helloworld
sha256:2e9672e3236922ccdeff3838e560515b550f93ab117b664aa94718969e1a175b
```

例 2：刪除所有停止執行的容器（使用需謹慎！），用到了 Docker 指令嵌套功能。

```
$ docker rm $（docker ps -a -q）
```

4.1.3　Docker 的組織結構

從電腦整個軟體層面來看，從作業系統層到應用軟體層，Docker 到底處於什麼位置呢？

透過圖 4-2，我們可以看出，Docker 位於作業系統和虛擬容器（lxc 或 libcontainer）之上。它會透過調用 cgroup、namespaces 和 libcontainer 等系統層面的介面來完成資源配置與相互隔離。

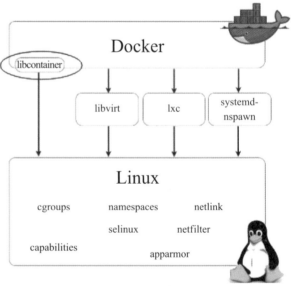

▲ 圖 4-2　Docker 在 Linux 系統中的位置

我們再透過圖 4-3 看看 Docker 內部的組織結構。

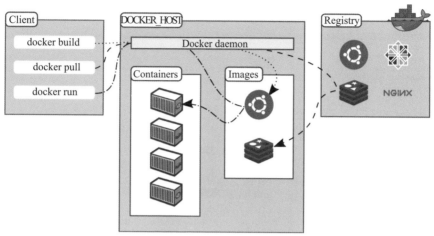

▲ 圖 4-3　Docker 內部的組織結構

在一台主機上，首先要啟動一個 Docker 的守護行程（Docker daemon），所有的容器都被守護行程控制，同時守護行程監聽並接收 Docker 客戶端（Docker Client）指令，並把執行結果返回給 Docker 客戶端。

其實，Docker 的組織結構比較複雜，上面的兩幅圖僅僅是大體的描述，省略了很多細節，這裡是為了更有助於我們初步理解 Docker 的組織結構。

4.2　10 分鐘的動手教學

理解 Docker 最好的方法是動手實踐，在 Docker 執行環境中直觀地體驗 Docker 的各類基本操作和常用指令的用法。

Docker 官方原來有一個 Web 版的 Docker 模擬執行環境，提供一個 10 分鐘的動手教學，讓初學者快速瞭解 Docker 是如何工作的。這個教學非常棒，但不知什麼原因，這個教學後來撤掉了。好在我們已經建置了 Docker 的實際執行環境，不需要官方的 Web 模擬環境。在這裡，我把這個教學重新展示給大家看，大家可以在 Docker 的實際執行環境下跟著操作。

這個教學的主要內容為：

- 列出 Docker 的版本號。

- 在 Docker Hub（Docker 的官方映像檔倉庫），搜尋別人製作好的 Docker 映像檔。

- 下載映像檔，並以這個映像檔為基礎建立容器，在 Docker 容器中執行一個 shell 命令，輸出「hello world」。

- 在 Docker 容器中安裝 ping 套件，把它提交為新映像檔。

- 基於安裝有 ping 套件的新映像檔為基礎建立容器，在 Docker 容器中測試 ping 命令工作是否正常。

- 如果測試 ping 命令工作正常，表示安裝有 ping 套件的映像檔製作正確，然後，我們就把這個新映像檔提交到 Docker Hub，分享給大家使用。

首先進入教學的引導頁面，如圖 4-4 所示。

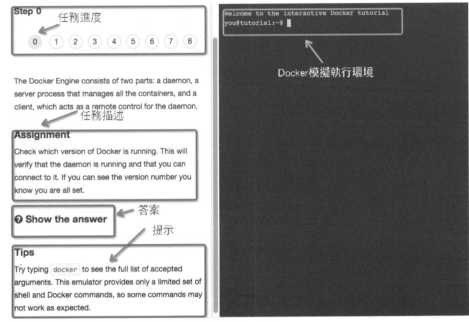

▲ 圖 4-4　教學的頁面配置

這個教學做得很棒，在網頁的左側，看完任務描述（Assignment），如果不知道如何操作的話，可以根據下面的提示（Tips）來做，如果看完提示還是不知道如何操作，還可以按一下「Show the answer」前的「?」顯示答案。在網頁右側是 Docker 的模擬執行環境，用來驗證我們的操作是否可以完成網頁左側指定的任務。如果完成任務，在網頁的右上角會有「NEXT」按鈕，按一下進入下一個環節。

好的，接下來，我們就跟著網站的引導，一步一步地學習這個教學吧！

Step.0：查詢 Docker 的版本號

Docker 的引擎由兩部分組成：Daemon 和 Client。Daemon 是伺服器端的守護行程，接收 Client 端的指令，管理本機上所有的映像檔和容器；Client 是透過 Docker 命令和 Daemon 互動，對 Docker 的映像檔和容器進行查詢、新增、修改、啟動、停止等操作。

任務：找出 Client 是透過哪個 Docker 命令查詢 Docker 的版本號。

提示：在命令列輸入 docker 列出 Docker 支援的所有命令關鍵字，然後再找出哪個命令可以輸出版本號。

在右側 Docker 的模擬環境中，我們執行 Docker 命令，顯示以下內容。

```
Usage: docker [OPTIONS] COMMAND [arg...]
you@tutorial:~$ docker


-H="127.0.0.1:4243": Host:port to bind/connect to


A self-sufficient runtime for linux containers.


Commands:


attach    Attach to a running container
build     Build a container from a Dockerfile
commit    Create a new image from a container's changes
diff      Inspect changes on a container's filesystem
export    Stream the contents of a container as a tar archive
history   Show the history of an image
images    List images
import    Create a new filesystem image from the contents of a tarball
info      Display system-wide information
insert    Insert a file in an image
inspect   Return low-level information on a container
kill      Kill a running container
login     Register or Login to the Docker registry server
logs      Fetch the logsof a container
port      Lookup the public-facing port which is NAT-ed to PRIVATE_PORT
ps        List containers
pull      Pull an image or a repository from the Docker registry server
push      Push an image or a repository to the Docker registry server
restart   Restart a running container
rm        Remove a container
rmi       Remove an image
```

```
run        Run a command in a new container
search     Search for an image in the Docker index
start      Start a stopped container
stop       Stop a running container
tag        Tag an image into a repository
version    Show the Docker version information
wait       Block until a container stops, then print its exit code
```

我們可以看到 Docker 命令的基本用法為：docker [選項] < 命令關鍵字 > [參數]，
其中，選項和參數是可選的。格式如下：

```
$ docker [OPTIONS] COMMAND [arg...]
```

在 Docker 支援的命令關鍵字中，有 version 這個關鍵字，用來顯示 Docker 的版本
資訊。這正是我們需要的命令。在網頁右側 Docker 的模擬執行環境中輸入 docker
version，顯示如下內容。

```
you@tutorial:~$ docker version
Docker Emulator version 0.1.3

Emulating:
Client version: 0.5.3
Server version: 0.5.3
Go version: go1.1
```

在網頁的右上角，彈出「next」，說明我們已經成功完成這個任務，按一下「next」
進入下一個任務。

> **注意！**
> - 這個版本只是一個模擬環境，僅僅為了配合本教學使用，並沒有實現 Docker 的全部命令。
> - 這個模擬環境與命令關鍵字之間只允許有一個空格，兩個或兩個以上的空格識別不出來。

Step.1：查詢映像檔

Docker 官方映像檔倉庫（Docker Hub Registry）儲存著大量的 Docker 化的應用程式映像檔，我們可以基於 Docker 官方倉庫的映像檔來建立我們的應用程式。Docker 支援透過 Client 端的命令來查詢 Docker 官方倉庫中映像檔。

任務：用 Docker 的 Client 端命令查詢一個名字叫「tutorial」的映像檔。

提示：Docker 查詢映像檔的命令格式為 docker search < 關鍵字 >。

我們要從 Docker 官方映像檔倉庫查詢一個名字叫「tutorial」的映像檔，在右側 Docker 的模擬環境中，我們執行 docker search tutorial 命令，顯示如下內容。

```
you@tutorial:~$ docker search tutorial
Found 1 results matching your query ("tutorial")
NAME DESCRIPTION
learn/tutorial              An image for the interactive tutorial
```

我們查到一個全名為「learn/tutorial」的 Docker 映像檔。在 Docker 官方映像檔倉庫，映像檔的全名都是如下格式：

<username>/<repository>

這是因為，每個使用者都可以在 Docker 官方映像檔倉庫註冊自己的帳戶，發佈自己的 Docker 映像檔，使用「< 使用者名稱 >/< 映像檔名稱 >」的命名方式，可以讓不同使用者擁有相同的映像檔名稱而不相互干擾。

這時，在網頁的右上角，彈出「next」，按一下進入下一個任務。

Step.2：下載映像檔

在上一步，我們已經查詢到「learn/tutorial」映像檔。接下來我們就需要從 Docker 官方映像檔倉庫中下載這個映像檔。Docker 提供 docker pull 命令來下載映像檔。

任務：下載 tutorial 映像檔。

提示：下載時不要忘記使用映像檔的全名，如「learn/tutorial」。

在右側 Docker 的模擬環境中執行 docker pull「learn/tutorial」命令，顯示如下內容。

```
you@tutorial:~$ docker pull learn/tutorial
Pulling repository learn/tutorial from https://index.docker.io/v1
Pulling image 8dbd9e392a964056420e5d58ca5cc376ef18e2de93b5cc90e868a1bbc831
8c1c (precise) from ubuntu
Pulling image b750fe79269d2ec9a3c593ef05b4332b1d1a02a62b4accb2c21d589ff2f5f
2dc (12.10) from ubuntu
Pulling image 27cf784147099545 () from tutorial
```

可以看到，Docker 的映像檔正在被下載。這時，在網頁的右上角，彈出「next」，按一下進入下一個任務。

Step.3：建立並啟動容器

我們下載了 Docker 映像檔，就可以以 Docker 映像檔為範本，啟動容器。可以把容器理解為在一個相對獨立環境中執行一個（組）行程，這個獨立環境擁有這個（組）行程執行所需要的一切，包括檔案系統、函式庫檔案、shell 腳本等。

任務：執行下載的「learn/tutorial」映像檔，輸出「hello worldl」。為了做到這點，需要在容器中執行 shell 命令「echol」，echo 的內容是「hello world」。

提示：docker run 命令用來建立和執行 Docker 容器。它至少需要兩個參數，一個是映像檔名稱，一個是在容器中需要執行的命令。

根據提示，我們明確了 docker run 的兩個參數，映像檔名稱為「learn/tutorial」，在容器中需要執行的命令為 echo "hello world"。在右側 Docker 的模擬環境中，我們執行 docker run learn/tutorial echo "hello world" 命令，顯示如下內容。

```
you@tutorial:~$ docker run learn/tutorial echo "hello world"
hello world
```

可以看到，「hello world」正確地輸出了。在網頁的右上角，彈出「next」，按一下進入下一個任務。

Step.4：修改容器

接下來，我們要在容器中安裝一個實用工具 ping，由於映像檔是基於 Ubuntu 作業系統建置的，所以可以透過在容器中執行 apt-get install -y ping 來安裝 ping 套件。一旦 ping 套件安裝完畢，容器會立刻停止執行，但容器中安裝的套件會一直保留。

任務： 在基於「learn/tutorial」映像檔的容器中安裝 ping 套件。

提示： 在非互動模式下安裝套件，不要忘了使用「-y」。

在步驟 3 中，我們知道使用 docker run 可以建立容器，並在容器中執行指定的命令。在右側的模擬環境，我們輸入「docker run learn/tutorial apt-get install -y ping」，得到如下輸出。

```
you@tutorial:~$ docker run learn/tutorial apt-get install -y ping
Reading package lists...
Building dependency tree...
The following NEW packages will be installed:
  iputils-ping
0 upgraded, 1 newly installed, 0 to remove and 0 not upgraded.
Need to get 56.1 kB of archives.
After this operation, 143 kB of additional disk space will be used.
Get:1 http://archive.ubuntu.com/ubuntu/ precise/main iputils-ping amd64
3:20101006-1ubuntu1 [56.1 kB]
debconf: delaying package configuration, since apt-utils is not installed
Fetched 56.1 kB in 1s (55.2 kB/s)
Selecting previously unselected package iputils-ping.
(Reading database ... 7545 files and directories currently installed.)
Unpacking iputils-ping (from .../iputils-ping_3%3a20101006-1ubuntu1_amd64.
deb) ...
Setting up iputils-ping (3:20101006-1ubuntu1) ...
```

在網頁的右上角有一個互動視窗，告訴我們在基礎映像檔（Base Image）learn/
tutorial 上已經安裝了 ping 套件，改變了檔案系統，但還未保存。在互動視窗最下
方有「next」按鈕，按一下進入下一個任務。

Step.5：建立新映像檔

在上一步已經安裝了 ping 套件，你可能想保存這個變更，以便於以後啟動容器時
不需要重複安裝 ping 套件。Docker 支援在原有映像檔基礎上，只提交增量修改部
分，形成一個新的映像檔。以後使用這個新映像檔為基礎建立容器，容器中就會存
在 ping 套件，不需要重複安裝。

任務：首先用 docker ps -l 找到安裝過 ping 套件的容器的 ID，然後把這個容器提交
為新映像檔，映像檔名稱為「learn/ping」。

提示：使用 docker commit 把容器提交為新映像檔。

在右側的模擬環境輸入 docker ps -l，顯示本機上最近建立的容器資訊，得到如下內
容。

```
you@tutorial:~$ docker ps -l
ID              IMAGE          COMMAND           CREATED        STATUS
PORTS
6982a9948422    ubuntu:12.04   apt-get install ping   1 minute ago   Exit 0
```

可以看到，這個容器的 COMMAND 為「apt-get install ping」，這正是我們剛才安
裝過 ping 的容器，容器 ID 為 6982a9948422。有了容器 ID，我們就可以透過這個
命令「docker commit 6982a9948422 learn/ping」，把容器提交為新映像檔，在右側
的模擬環境，執行結果如下所示。

```
you@tutorial:~$ docker commit 6982a9948422 learn/ping
effb66b31edb
```

可以看到，執行結果是一個新 ID，這個 ID 就是新生成映像檔的 ID。我們按一下
「next」進入下一個任務。

Step.6：使用新映像檔

我們基於容器生成了新的映像檔，這個映像檔包含 ping 套件。然後這個新映像檔就可以執行在任何裝有 Docker Engine 的機器上。

任務：在基於新映像檔的容器中執行 ping www.docker.com 這個指令。

提示：新映像檔要使用全名 learn/ping。

在右側的模擬環境執行 docker run learn/ping ping www.docker.com，結果如下。

```
you@tutorial:~$ docker run learn/ping ping www.google.com
PING www.google.com （74.125.239.129）56（84）bytes of data.
64bytes from nuq05s02-in-f20.1e100.net （74.125.239.148）: icmp_req=1
ttl=55time=2.23 ms
64bytes from nuq05s02-in-f20.1e100.net （74.125.239.148）: icmp_req=2
ttl=55time=2.30 ms
64bytes from nuq05s02-in-f20.1e100.net （74.125.239.148）: icmp_req=3
ttl=55time=2.27 ms
64bytes from nuq05s02-in-f20.1e100.net （74.125.239.148）: icmp_req=4
ttl=55time=2.30 ms
```

可以看到，容器中已經存在 ping 命令，執行 ping www.google.com 可以得到預期的結果。使用 Ctrl-C 終止 ping 命令。按一下「next」進入下一個任務。

Step.7：查詢容器資訊

使用 docker ps 可以看到本機上所有正在執行的容器，使用 docker inspect 可以看到單個容器詳細資訊。

任務：找出正在執行容器的 ID，然後使用 docker inspect 查看容器的資訊。

提示：可使用容器 ID 來指定容器，也可以只使用容器 ID 的前 3 ～ 4 個字元來指定。

在右側的模擬環境下，首先執行 docker ps 查看正在執行的容器，可以查到容器的 ID：

```
you@tutorial:~$ docker ps
ID                 IMAGE              COMMAND                 CREATED
STATUS             PORTS
efefdc74a1d5       learn/ping:latest     ping www.google.com    37 seconds ago
Up 36 seconds
```

根據提示，我們可以使用容器 ID 的前 3 ～ 4 個字元來指定容器。在模擬環境中，
執行 docker inspect efe，可以得到如下結果：

```
you@tutorial:~$ docker inspect efe
[2013/07/3001:52:26 GET /v1.3/containers/efef/json
{
"ID": "efefdc74a1d5900d7d7a74740e5261c09f5f42b6dae58ded6a1fde1cde7f4ac5",
  "Created": "2013-07-30T00:54:12.417119736Z",
  "Path": "ping",
  "Args": [
    "www.google.com"
  ],
  "Config": {
    "Hostname": "efefdc74a1d5",
    "User": "",
    "Memory": 0,
    "MemorySwap": 0,
    "CpuShares": 0,
    "AttachStdin": false,
    "AttachStdout": true,
    "AttachStderr": true,
    "PortSpecs": null,
    "Tty": false,
    "OpenStdin": false,
    "StdinOnce": false,
    "Env": null,
    "Cmd": [
      "ping",
      "www.google.com"
```

```
      ],
      "Dns": null,
      "Image": "learn/ping",
      "Volumes": null,
      "VolumesFrom": "",
      "Entrypoint": null
   },
   "State": {
      "Running": true,
      "Pid": 22249,
      "ExitCode": 0,
      "StartedAt": "2013-07-30T00:54:12.424817715Z",
      "Ghost": false
   },
   "Image": "a1dbb48ce764c6651f5af98b46ed052a5f751233d731b645a6c57f91a4
cb7158",
   "NetworkSettings": {
      "IPAddress": "172.16.42.6",
      "IPPrefixLen": 24,
      "Gateway": "172.16.42.1",
      "Bridge": "docker0",
      "PortMapping": {
         "Tcp": {},
         "Udp": {}
      }
   },
   "SysInitPath": "/usr/bin/docker",
   "ResolvConfPath": "/etc/resolv.conf",
   "Volumes": {},
   "VolumesRW": {}
}
```

至此，可以看到容器的完整 ID、執行狀態、網路設定、映像檔等資訊。按一下
「next」進入下一個任務。

Step.8：把新映像檔上傳倉庫

在步驟 6 和步驟 7 中，我們已經驗證了新建置的映像檔 learn/ping 可以正常工作，現在我們想把這個新映像檔分享給別人使用，該如何做呢？還記得我們最初是從 Docker 的官方映像檔倉庫下載了 learn/tutorial 就可以直接使用了嗎？如果把新映像檔 learn/ping 上傳到 Docker 官方倉庫，就可以像 learn/tutorial 一樣供別人下載後直接使用。

任務：把新映像檔 learn/ping 推送到 Docker 官方映像檔倉庫。

提示：docker images 可以顯示當前主機上所有的映像檔。docker push 可以推送本機的映像檔到 Docker 官方倉庫。這個模擬器已經以 learn 這個使用者登入了，所以我們只能把映像檔推送到 learn 這個命名空間下。

在右側的模擬環境中，先執行 docker images 查看本機的映像檔清單。

```
you@tutorial:~$ docker images
ubuntu           latest          8dbd9e392a96      4 months ago
131.5 MB (virtual131.5 MB)
learn/tutorial   latest          8dbd9e392a96      2 months ago
131.5 MB (virtual131.5 MB)
learn/ping       latest          effb66b31edb     10 minutes ago
11.57 MB (virtual143.1 MB)
```

其中，learn/ping 是我們新建置的映像檔，執行 docker push learn/ping 把映像檔推送到 Docker 官方倉庫。

這就是整個教學。透過這個教學，我們可以快速掌握 Docker 的基本命令。

> **注意！**
>
> 步驟 8，在模擬環境中已經以 learn 這個使用者登入了，可以直接進行上傳操作。但我們自己建置的 Docker 執行環境並沒有登入，所以上傳會失敗。在 https://hub.docker.com/account/signup/ 上註冊一個 Docker Hub 的帳號，使用 dokcer login 登入就可以做上傳操作了。不過後續還會詳細講 Docker Hub，步驟 8 可以先跳過。

4.3 本章小結

本章主要介紹了 Docker 的基本概念和組織結構，以及 Docker 指令的格式和用法，最後，透過一個動手練習的教學，加深了大家對 Docker 指令用法的理解。

PART 2
進階篇

## CHAPTER 5

Docker
容器管理

上一章我們學習了 Docker 命令的基本用法。本章將結合第 3 章的例子來說明 Docker 容器的管理。

5.1 單一容器管理

我們在第 3 章啟動了三個服務專案：WordPress（個人部落格）、GitLab（版本控制）和 Redmine（專案流程管理）。透過 docker ps 可以看到已經啟動 Docker 容器，可以看到每個容器（container）的 ID、所使用的 Docker 映像檔（image）、建立時間、當前狀態、監聽的埠和容器的名字等，如圖 5-1 所示。

```
harney@UShenzhou:~$ docker ps
CONTAINER ID   IMAGE                      COMMAND                 CREATED       STATUS        PORTS                                                      NAMES
e0d028d58983   saneersbn/redmine:3.2.0-4  "/sbin/entrypoint.sh "  2 days ago    Up 2 days     443/tcp, 0.0.0.0:10083->80/tcp                             redmine
daedaff5a171   saneersbn/postgresql:9.4-12 "/sbin/entrypoint.sh " 2 days ago    Up 2 days     5432/tcp                                                   postgresql-redmine
65c359dcc692   saneersbn/gitlab:8.4.4     "/sbin/entrypoint.sh "  2 days ago    Up 2 days     443/tcp, 0.0.0.0:10022->22/tcp, 0.0.0.0:10080->80/tcp      gitlab
0ee24103a5cf   wordpress                  "/entrypoint.sh apach"  2 days ago    Up 4 hours    0.0.0.0:8080->80/tcp                                       MyWordPress
a281ac8deae4   saneersbn/redis:latest     "/sbin/entrypoint.sh "  2 days ago    Up 2 days     6379/tcp                                                   gitlab-redis
05e973b71b70   saneersbn/postgresql:9.4-12 "/sbin/entrypoint.sh " 2 days ago    Up 2 days     5432/tcp                                                   gitlab-postgresql
cc183cfecbc5   mariadb                    "/docker-entrypoint.s"  2 days ago    Up 2 days     3306/tcp                                                   db
```

▲ 圖 5-1　容器列表

還記得 WordPress 啟動的兩個指令嗎？

```
$ docker run --name db --env MYSQL_ROOT_PASSWORD=example -d mariadb
$ docker run --name MyWordPress --link db:mysql -p 8080:80 -d wordpress
```

透過 --name 參數建立了兩個 Docker 容器：db 和 MyWordPress，在圖 5-1 中可以很快找到這兩個容器和查到它們的執行狀態。另外，可以看到每個容器都有一個 CONTAINER ID。

5.1.1 容器的標識符

每個容器被建立後，都會分配一個 CONTAINER ID 作為容器的唯一標識，後續對容器的啟動、停止、修改和刪除等所有操作，都是透過 CONTAINER ID 來完成的，CONTAINER ID 有點像資料庫的主鍵。CONTAINER ID 預設是 256 位元（64 位 16 進位數值），但對於大多數主機來說，ID 的前 48 位元（12 位 16 進位數值）就足以保證其在本機的唯一性。所以，預設情況下我們使用 CONTAINER ID 簡略形式即可（ID 的前 12 位）。使用 docker ps 可以查到 CONTAINER ID 簡略形式，如果需要查詢完整的 CONTAINER ID，使用 docker ps --no-trunc。

CONTAINER ID 簡略形式如下：

```
0ee24103a5cf
```

CONTAINER ID 完整形式如下：

```
0ee24103a5cf7d4a703edfc148c10a7db84156ca6008b53c2c22d4901b28bf61
```

有了 CONTAINER ID，我們就可以透過 Docker 的相關指令啟動和停止容器了。

例如：對於 CONTAINER ID 為 0ee24103a5cf 的容器，透過下面命令查到容器的狀態是「Up 2 days」，說明容器正處於執行階段：

```
$ docker ps -a |grep 0ee24103a5cf
```

透過下面命令來停止容器執行，再次查看容器狀態，變為「Exited (0) 2 seconds ago」，說明容器已停止執行：

```
$ docker stop 0ee24103a5cf
```

如果再次啟動容器，容器狀態就變更為「Up 22 seconds」，說明容器又啟動起來了。

```
$ docker start 0ee24103a5cf
```

CONTAINER ID 雖然能保證唯一性，但很難記憶。在建立容器時，可以同 --name 參數給容器取一個別名，如 MyWordPress，然後透過別名來代替 CONTAINER ID 對容器進行操作。例如：

```
$ docker start MyWordPress
```

5.1.2 查詢容器資訊

透過 docker inspect 命令可以查詢容器的所有基本資訊，包括執行情況、儲存位置、設定參數、網路設定等。

```
Usage:  docker inspect [OPTIONS] NAME |ID [NAME |ID...]
$ docker inspect MyWordPress
[
  {
    "Id": "34d30061deb7ab178b7a539ddc5eb75977caa9bdf0e33431de606a8140f16e
5f",
    "Created": "2017-04-24T06:46:01.209793123Z",
    "Path": "docker-entrypoint.sh",
    "Args": [
        "apache2-foreground"
    ],
    "State": {
        "Status": "exited",
        "Running": false,
        "Paused": false,
        "Restarting": false,
        "OOMKilled": false,
        "Dead": false,
        "Pid": 0,
        "ExitCode": 0,
        "Error": "",
        "StartedAt": "2017-04-24T06:46:02.148379344Z",
```

```
        "FinishedAt": "2017-04-24T08:21:30.564361732Z"
    },
    "Image": "sha256:109633df95f5f958626e8e75936a4b8f1bc7cbc159b6e1c5e1f19
ece378e1918",
    "ResolvConfPath": "/var/lib/docker/containers/34d30061deb7ab178b7a539d
dc5eb75977caa9bdf0e33431de606a8140f16e5f/resolv.conf",
    "HostnamePath": "/var/lib/docker/containers/34d30061deb7ab178b7a539ddc
5eb75977caa9bdf0e33431de606a8140f16e5f/hostname",
    "HostsPath": "/var/lib/docker/containers/34d30061deb7ab178b7a539ddc5eb
75977caa9bdf0e33431de606a8140f16e5f/hosts",
    "LogPath": "/var/lib/docker/containers/34d30061deb7ab178b7a539ddc5eb75
977caa9bdf0e33431de606a8140f16e5f/34d30061deb7ab178b7a539ddc5eb75977caa9bd
f0e33431de606a8140f16e5f-json.log",
    "Name": "/MyWordPress",
    "RestartCount": 0,
    "Driver": "aufs",
    "MountLabel": "",
    "ProcessLabel": "",
    "AppArmorProfile": "",
    "ExecIDs": null,
    "HostConfig": {
      ......
    },
    ......
  }
]
```

docker inspect 以 JSON 的格式展示非常豐富的資訊，透過「-f」可以使用 Golang 的範本來提取指定部分的資訊。

例如提取容器的執行狀態：

```
$ docker inspect -f '{{.State.Status}}' MyWordPress
running
```

提取容器的 IP 位址：

```
$ docker inspect -f '{{.NetworkSettings.IPAddress}}' MyWordPress
172.17.0.5
```

除了容器的基本資訊外，容器的日誌也是我們經常需要查看的。使用 docker logs 來查詢日誌：

```
$ docker logs MyWordPress
WordPress not found in /var/www/html - copying now...
Complete! WordPress has been successfully copied to /var/www/html
AH00558: apache2: Could not reliably determine the server's fully qualified
domain name, using 172.17.0.5. Set the 'ServerName' directive globally to
suppress this message
AH00558: apache2: Could not reliably determine the server's fully qualified
domain name, using 172.17.0.5. Set the 'ServerName' directive globally to
suppress this message
[Sun Feb 14 03:00:37.453842 2016] [mpm_prefork:notice] [pid 1] AH00163:
Apache/2.4.10 (Debian) PHP/5.6.18 configured -- resuming normal operations
[Sun Feb 14 03:00:37.453863 2016] [core:notice] [pid 1] AH00094: Command
line: 'apache2 -D FOREGROUND'
192.168.10.102 - - [14/Feb/2016:03:00:58 +0000] "GET / HTTP/1.1" 302 413
"-""Mozilla/4.0 (compatible; MSIE 7.0; Windows NT 6.3; WOW64; Trident/7.0;
.NET4.0E; .NET4.0C; InfoPath.2)"
192.168.10.102 - - [14/Feb/2016:03:00:58 +0000] "GET /wp-admin/install.php
HTTP/1.1" 200 3669 "-""Mozilla/4.0 (compatible; MSIE 7.0; Windows NT 6.3;
WOW64; Trident/7.0; .NET4.0E; .NET4.0C; InfoPath.2)"
```

如果需要即時列印最新的日誌，可以加上「-f」參數。

另外，我們還可以透過 docker stats 命令即時查看容器所佔用的系統資源，如 CPU 使用率、記憶體、網路和磁碟使用狀況。

```
$ docker stats  MyWordPress
CONTAINER      CPU % MEM USAGE / LIMIT      MEM %   NET I / O        BLOCK I/O
MyWordPress  0.00 %  17.94 MB / 4.061 GB  0.44 % 4.966 kB / 1.426 kB    0 B / 16.38 kB
```

5.1.3 容器內部命令

經常有登入 Docker 容器內部執行命令的需求，可以在容器中啟動 sshd 服務來回應使用者登入。但 sshd 方式存在增加行程資源用量和被攻擊的風險，同時也違反 Docker 所宣導的「一個容器一個行程」的原則。

Docker 提供了原生的方式支援登入容器 docker exec，使用形式如下：

```
$ docker exec <容器名稱> [ 容器內執行的命令 ]
```

例如要查看 MyWordPress 容器內啟動了哪些行程，執行的命令和結果如下：

```
$ docker exec MyWordPress ps aux
USER       PID %CPU %MEM    VSZ    RSS TTY STAT START TIME  COMMAND
root        1 0.00.7  313684      31208 ?   Ss  Feb16 0:04  apache2-DFOREGROUND
www-data59   0.0  0.1 313716 7824   ?   S   Feb16 0:00  apache2-DFOREGROUND
www-data60   0.0  0.1 313716 7824   ?   S   Feb16 0:00  apache2-DFOREGROUND
www-data61   0.0  0.1 313716 7824   ?   S   Feb16 0:00  apache2-DFOREGROUND
www-data62   0.0  0.1 313716 7824   ?   Ss  Feb16 0:00  apache2-DFOREGROUND
www-data63   0.0  0.1 313716 7824   ?   S   Feb16 0:00  apache2-DFOREGROUND
root      164  0.0  0.0  17500 2064   ?   Rs  07:18 0:00  ps aux
```

如果希望在容器內連續執行多個命令，可以加上「-it」參數，就相當於以 root 身分登入容器內，可以連續執行命令，執行完成後透過「exit」退出。

```
$ docker exec -it MyWordPress /bin/bash
root@0ee24103a5cf:/var/www/html pwd
/var/www/html
root@0ee24103a5cf:/var/www/html ls
index.php    readme.html      wp-admin     wp-comments-post.php
wp-config.php  wp-cron.php  wp-links-opml.php  wp-login.php  wp-settings.
php  wp-trackback.php
license.txt  wp-activate.php  wp-blog-header.php  wp-config-sample.php
```

```
wp-content      wp-includes  wp-load.php        wp-mail.php    wp-signup.php
xmlrpc.php
root@0ee24103a5cf:/var/www/html exit
exit
$
```

5.2 多容器管理

Docker 宣導的理念是「一個容器一個行程」，假如一個服務由多個行程組成，就需要建立多個容器組成一個系統，相互分工和配合來對外提供完整的服務。

例如，我們的部落格系統由兩部分組成：

* Apache Web 伺服器，用於提供 Web 網站和與使用者互動。

* MariaDB 資料庫，用於儲存使用者註冊資訊、個性化設定和部落格等資料。

我們透過兩個 docker run 指令建立並啟動了資料庫容器 db 和 Apache 容器 MyWordpress。這兩個容器之間需要有資料互動，在同一台主機下，docker run 命令提供「--link」選項建立容器間的互聯。但有一個前提條件，使用「--link containerA」建立容器 B 時，容器 A 必須已經建立並且啟動執行。所以容器啟動是按順序的，容器 A 先於容器 B 啟動。

對於部落格系統 WordPress，資料庫容器 db 要先於 Apache 容器 MyWordpress 啟動。所以，啟動 WordPress 的方式應該是：

```
$ docker start db
$ docker start MyWordPress
```

如果停止 WordPress 服務，則需要先停止 Apache 容器 MyWordpress，再停止資料庫容器 db，或同時停止這兩個容器。

```
$ docker stop db MyWordPress
```

對於 GitLab 系統，它有三個容器，就要同時考慮三個容器的優先順序，並按這個順序啟動。假如有更多容器，維護就會變得比較繁瑣，有沒有簡潔的方式呢？下一節給出答案。

5.2.1 Docker Compose

Docker 提供一個容器編排工具——Docker Compose，它允許使用者在一個模板（YAML 格式）中定義一組相關聯的應用程式容器，這組容器會根據設定模板中的「--link」等參數，對啟動的優先順序自動排序，簡單執行一個「docker-compose up」，就可以把同一個服務中的多個容器依次建立和啟動。

Docker Compose 的安裝方式如下：

```
$ sudo -i
# curl -L https://github.com/docker/compose/releases/download/1.12.0/
docker-compose-uname -s-uname -m > /usr/local/bin/docker-compose
# exit
$ sudo chmod +x /usr/local/bin/docker-compose
```

我們看看如何使用 Docker Compose 來管理 WordPress 專案。

首先，我們把 WordPress 專案原有的兩個容器停掉。

```
$ docker stop db MyWordPress
```

接著，建立一個專案檔案夾 ~/wordpress，在資料夾下建立一個名字叫 docker-compose.yml 的檔案，內容如下：

```
wordpress:
  image: wordpress
  links:
    - db:mysql
  ports:
    - 8080:80
```

```
db:
  image: mariadb
  environment:
    MYSQL_ROOT_PASSWORD: example
```

這個設定檔中建立了兩個容器 wordpress 和 db，使用 image 選項來指定兩個容器分別使用 wordpress 和 mariadb 映像檔，另外有選項 links、ports、environment 分別對應 docker run 中「--links」（容器互聯）、「-p」（埠映射）和「-e」（環境變數設定）。

> **審註**
> - 這邊使用的是 Docker Compose 第一版的模板，第二版之後的模板就不需要使用 links 參數，因為當 Docker Compose 在執行第二版的模板時，會自動在這個檔案的所有容器間建立一個 network，其他容器就可以立即用在模板中寫到的名稱去參考（refer）其他容器。
> - 關於第一版和第二版的差異，可以參見這篇文章：
>   https://medium.com/@giorgioto/docker-compose-yml-from-v1-to-v2-3c0f8bb7a48e

然後，就可以透過 docker-compose up 命令來建立和啟動 WordPress 服務：

```
$ cd ~/wordpress
$ docker-compose up
Creating wordpress_db_1
Creating wordpress_wordpress_1
Attaching to wordpress_db_1, wordpress_wordpress_1
wordpress_1  | WordPress not found in /var/www/html - copying now...
wordpress_1  | Complete! WordPress has been successfully copied to /var/
www/html
db_1         | Initializing database
db_1         | 2017-04-26 11:01:46 140407099148224 [Note] /usr/sbin/mysqld
(mysqld 10.1.22-MariaDB-1~jessie) starting as process 58 ...
db_1         | 2017-04-26 11:01:47 140407099148224 [Note] InnoDB: Using
mutexes to ref count buffer pool pages
......
```

透過另外一個命令列終端，輸出 docker ps 查看容器是否啟動：

```
$ docker ps
CONTAINER ID          IMAGE            NAMES
0e2ca95e8672          wordpress     ...  wordpress_wordpress_1
d324e92ae9a5          mariadb       ...  wordpress_db_1
```

可以看出，容器的 CONTAINER ID 和 NAME 都與原來的不同，說明是新建立了一組容器。容器已經啟動起來，透過 http://localhost:8080 可以正常瀏覽頁面。

後續對個人部落格專案的啟動和停止就變得非常簡單了。

啟動命令：

```
$ docker-compose start
Starting db ... done
Starting wordpress ... done
```

停止命令：

```
$ docker-compose stop
Stopping wordpress_wordpress_1 ... done
Stopping wordpress_db_1 ... done
```

可以看出，啟動和停止的順序已經被 Docker Compose 智慧管理了。啟動時先啟動資料庫容器 wordpress_db_1，再啟動 Apache 容器 wordpress_wordpress_1。停止時先停止 Apache 容器 wordpress_wordpress_1，再停止資料庫容器 wordpress_db_1。

注意！

雖然 Docker Compose 可以判斷容器間的依賴並生成正確的啟動順序，但這種順序僅僅是容器的順序，假如容器 A 的行程 a 依賴容器 B 的行程 b，但行程 b 啟動需要耗費很長時間的話，這時雖然容器 B 先於容器 A 建立和啟動，但行程 a 仍然可能和行程不能正常互動而啟動失敗，因為雖然容器 B 已啟動但行程 b 還沒完全啟動完成。在這種情況下，Docker Compose 無能為力，需要行程 a 自行增加一些判斷等待和重試機制。

上面我們使用 docker-compose up 命令建立和啟動一組新的容器來為 WordPress 服務。原來由 docker run 建立的容器如何處理呢？建議刪除。

透過 docker ps 命令只能列出已經啟動的容器，如果想查到已停止執行的容器，需要在 docker ps 命令後加上「-a」選項：

```
$ docker ps -a
CONTAINER ID        IMAGE          STATUS                     NAMES
0ee24103a5cf        wordpress      Exited (0) 12 hours ago    MyWordPress
cc183cfecbc5        mariadb        Exited (0) 12 hours ago    db
```

我們可以看到這兩個容器的狀態是「Exited（退出）」，透過 docker rm 命令可以刪除它們。刪除前確保容器內沒有重要資料。

```
$ docker rm MyWordPressdb
$ docker rm db
```

5.2.2 設定檔

使用 Docker Compose 管理多個容器，首先需要把多容器寫到它的設定檔中，預設設定檔名為 docker-compose.yml，我們可以透過「-f/--file」選項指定設定檔。

下面我們再看看 GitLab 和 Redmine 專案的多容器寫成 Docker Compose 設定檔的形式。

GitLab 專案需要三個容器：postgresql、redis 和 gitlab。

postgresql 容器建立和啟動的命令為：

```
$ docker run --name gitlab-postgresql -d \
  --env 'DB_NAME=gitlabhq_production' \
  --env 'DB_USER=gitlab' --env 'DB_PASS=password' \
  --env 'DB_EXTENSION=pg_trgm' \
  sameersbn/postgresql:9.6-2
```

它使用 sameersbn/postgresql:9.6-2 映像檔建立了一個名字為 gitlab-postgresql 的容器，並且設定了三個環境變數。轉換為 Docker Compose 設定檔內容如下：

```
postgresql:
  image: sameersbn/postgresql:9.6-2
  environment:
    - DB_USER=gitlab
    - DB_PASS=password
    - DB_NAME=gitlabhq_production
    - DB_EXTENSION=pg_trgm
```

redis 容器建立和啟動的命令為：

```
$ docker run --name gitlab-redis -d sameersbn/redis:latest
```

使用 sameersbn/redis:latest 映像檔建立一個名字為 gitlab-redis 的容器，轉換為 Docker Compose 設定檔內容如下：

```
redis:
  image: sameersbn/redis:latest
```

gitlab 容器的建立和執行的命令為：

```
$ docker run --name gitlab -d \
  --link gitlab-postgresql:postgresql --link gitlab-redis:redisio \
  --publish 10022:22 --publish 10080:80 \
  --env 'GITLAB_PORT=10080' --env 'GITLAB_SSH_PORT=10022' \
  --env 'GITLAB_SECRETS_DB_KEY_BASE=long-and-random-alpha-numeric-string' \
  --env 'GITLAB_SECRETS_SECRET_KEY_BASE=long-and-random-alpha-numeric-string' \
  --env 'GITLAB_SECRETS_OTP_KEY_BASE=long-and-random-alpha-numeric-string' \
    sameersbn/gitlab:9.1.0-1
```

當有多個環境變數需要設定時，用 docker run 命令需要多次重複「--env」選項，很繁瑣。由於 Docker Compose 的設定檔使用 YAML 格式的語法，支援陣列格式，所以這個命令轉化為 Docker Compose 的設定檔就會很簡潔，轉換後內容如下：

```
gitlab:
  image: sameersbn/gitlab:9.1.0-1
  links:
    - redis:redisio
    - postgresql:postgresql
  ports:
    - "10080:80"
    - "10022:22"
  environment:
    - GITLAB_PORT=10080
    - GITLAB_SSH_PORT=10022
    - GITLAB_SECRETS_DB_KEY_BASE=long-and-random-alpha-numeric-string
    - GITLAB_SECRETS_SECRET_KEY_BASE=long-and-random-alpha-numeric-string
    - GITLAB_SECRETS_OTP_KEY_BASE=long-and-random-alpha-numeric-string
```

建立一個專案 ~/gitlab，把上面三部分的 Docker Compose 設定檔合併在一起，放到 ~/gitlab/docker-compose.yml。然後，透過下面的命令建立和啟動 GitLab 服務。在建立新容器之前，先把原來的舊容器刪除。

刪除舊容器，使用 -f/--force 參數可以強制把正在執行的容器刪除。刪除前確保容器內沒有重要資料，如果有重要資料，透過 docker exec -it < 容器名稱 > 命令登入容器內部處理，容器的資料備份在後續章節會詳細講解。

```
$ docker rm -f gitlab gitlab-redis gitlab-postgresql
```

啟動新容器組。

```
$ cd ~/gitlab/ && docker-compose up -d
Creating gitlab_redis_1
```

```
Creating gitlab_postgresql_1
Creating gitlab_gitlab_1
```

透過 docker ps 可以查到 gitlab_gitlab_1、gitlab_postgresql_1 和 gitlab_redis_1 這三個容器，透過 http://localhost:10080 可以訪問。

對於 Redmine 專案的改造步驟如下：

首先，刪除舊的容器，確保容器內沒有重要資料：

```
$ docker rm -f redmine postgresql-redmine
```

接著，把 docker run 建立容器的指令改造為 Docker Compose 的設定檔：

```
$ docker run --name=postgresql-redmine -d \
  --env='DB_NAME=redmine_production' \
  --env='DB_USER=redmine' \
  --env='DB_PASS=password' \
  sameersbn/postgresql:9.6-2

$ docker run --name=redmine -d \
  --link=postgresql-redmine:postgresql \
  --publish=10083:80 \
  --env='REDMINE_PORT=10083' \
  sameersbn/redmine:3.3.2-1
```

建立設定檔 ~/redmine/docker-compose.yml，內容如下：

```
postgresql:
  image: sameersbn/postgresql:9.6-2
  environment:
    - DB_NAME=redmine_production
    - DB_USER=redmine
```

```
    - DB_PASS=password
redmine:
  image: sameersbn/redmine:3.3.2-1
  links:
    - postgresql:postgresql
  ports:
    - "10083:80"
  environment:
    - REDMINE_PORT=10083
```

執行新容器組的建立和啟動。

```
$ docker-compose up -d
Creating redmine_postgresql_1
Creating redmine_redmine_1
```

最後,透過 http://localhost:10083 就可以瀏覽網站。

好了,我們已經把個人部落格(WordPress)、版本控制管理(GitLab)、專案流程管理(Redmine)轉換為由 Docker Compose 來管理,可以很方便地把多個容器劃為一個專案統一管理。一個專案一個設定檔,透過設定檔(用「-f/--file」選項指定,若是沒指定則在當下目錄中尋找),就可以對該專案中的容器進行查詢、啟動、停止等操作。

查詢 GitLab 專案的所有容器狀態:

```
$ docker-compose  -f gitlab/docker-compose.yml ps
    Name                      Command              State  Ports
gitlab_gitlab_1      /sbin/entrypoint.sh app:start   Up    0.0.0.0:10022->22/
tcp, 443/tcp, 0.0.0.0:10080->80/tcp
gitlab_postgresql_1 /sbin/entrypoint.sh             Up    5432/tcp
gitlab_redis_1       /sbin/entrypoint.sh            Up    6379/tcp
```

停止 GitLab 專案：

```
$ docker-compose -f gitlab/docker-compose.yml stop
Stopping gitlab_gitlab_1 ... done
Stopping gitlab_postgresql_1 ... done
Stopping gitlab_redis_1 ... done
```

啟動 GitLab 專案：

```
$ docker-compose -f gitlab/docker-compose.yml start
Starting gitlab_redis_1
Starting gitlab_postgresql_1
Starting gitlab_gitlab_1
```

刪除專案：

```
$ docker-compose -f gitlab/docker-compose.yml down
Stopping gitlab_gitlab_1 ... done
Stopping gitlab_postgresql_1 ... done
Stopping gitlab_redis_1 ... done
Removing gitlab_gitlab_1 ... done
Removing gitlab_postgresql_1 ... done
Removing gitlab_redis_1 ... done
```

5.3 本章小結

本章主要介紹了容器管理的常用命令，主要包括容器狀態的查詢、建立、啟動、停止、銷毀和執行內部命令等。然後擴展到透過 Docker Compose 來管理多個容器。

## CHAPTER 6

Docker 映像檔管理

　　上一章我們介紹了如何對單個或多個容器進行管理，主要針對容器的狀態查詢、啟動、停止等操作，沒有涉及容器內部設定檔的修改和儲存及容器的跨節點部署或遷移。主要是因為 Docker 有一個重要概念還沒細講，這就是 Docker 映像檔（image)。映像檔是 Docker 的精髓，只有瞭解 Docker 映像檔，才算真正理解 Docker 的內涵。

6.1 認識 Docker 映像檔

建立容器時需要指定使用哪個映像檔。例如，下面的命令就是使用映像檔 sameersbn/redis:latest 建立容器，它先從本機查詢有沒有 sameersbn/redis:latest 映像檔，如果不存在，就去 Docker Hub 查詢並下載，然後基於該映像檔建立容器。

```
$ docker run --name gitlab-redis -d sameersbn/redis:latest
```

透過 docker images 命令可以查到本機已有的所有映像檔：

```
$ docker images
REPOSITORY          TAG         IMAGE ID        CREATED         SIZE
wordpress           latest      313affca71d7    8 days ago      517.3 MB
sameersbn/gitlab    8.4.4       9d1069e2b30c    8 days ago      720.5 MB
mariadb             latest      1b6ea3e0ff8e    3 weeks ago     346.4 MB
sameersbn/redmine   3.2.0-4     7eb43870e9c7    4 weeks ago     636 MB
```

```
sameersbn/postgresql      9.4-12      a100f2a18ec3      4 weeks ago      231.3 MB
sameersbn/redis           latest      ad448e848573      4 weeks ago      196.5 MB
hello-world               latest      690ed74de00f      4 months ago     960 B
```

每個映像檔都有 Image ID 作為唯一標識，這個和容器的 Container ID 一樣，預設 256 位元（64 位 16 進位數值），可以使用前 12 位縮略形式，也可以使用映像檔的名字（REPOSITORY）和版本號（TAG）兩部分組合唯一標識。如果省略版本號，預設使用最新版本（latest）。

▶ 映像檔的分層

在上一節，透過 docker images 我們看到每個映像檔的大小（SIZE）都很大（幾百 M），那麼這些映像檔所占磁碟的儲存空間是否就是所有映像檔大小之和嗎？實際上，映像檔所占的磁碟空間遠遠小於所有映像檔之和，原因是 Docker 映像檔採用分層機制，相同部分獨立成層，只需要儲存一份就可以了，大大節省了映像檔空間。例如，wordpress 和 mariadb 都是基於 Ubuntu 14.04 系統建置的，那麼只需要一個 Ubuntu:14.04 的映像檔分層，在此基礎上再根據 wordpress 和 mariadb 各自不同部分建置各自的獨立分層，如圖 6-1 所示。

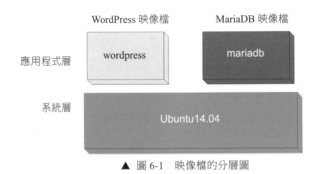

▲ 圖 6-1　映像檔的分層圖

Docker 的映像檔透過 Union 檔案系統（UnionFS）將各層檔案系統疊加在一起，在使用者看來就像一個完整的檔案系統。假如，某個映像檔有兩層，第一層有三個資料夾，第二層有兩個資料夾，使用 Union 檔案系統疊加後，使用者可以看到五個資料夾，感覺不到分層的存在，如圖 6-2 所示。

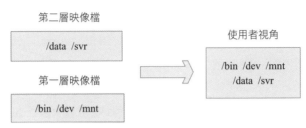

▲ 圖 6-2　使用者的視角看階層式檔案系統

透過 docker history 命令可以查詢映像檔分了多少層，每一層具體做了什麼操作，如圖 6-3 所示。

```
harney@UShenzhou:~$ docker history sameersbn/redis
IMAGE          CREATED         CREATED BY                                      SIZE
ad448e848573   4 weeks ago     /bin/sh -c #(nop) ENTRYPOINT &{["/sbin/entryp   0 B
<missing>      4 weeks ago     /bin/sh -c #(nop) VOLUME [/var/lib/redis]       0 B
<missing>      4 weeks ago     /bin/sh -c #(nop) EXPOSE 6379/tcp               0 B
<missing>      4 weeks ago     /bin/sh -c chmod 755 /sbin/entrypoint.sh        1.48 kB
<missing>      4 weeks ago     /bin/sh -c #(nop) COPY file:fbcf0f32514d052d3   1.48 kB
<missing>      4 weeks ago     /bin/sh -c apt-get update  && DEBIAN_FRONTEND   2.118 MB
<missing>      4 weeks ago     /bin/sh -c #(nop) ENV REDIS_USER=redis REDIS_   0 B
<missing>      4 weeks ago     /bin/sh -c #(nop) MAINTAINER sameer@damagehea   0 B
<missing>      4 weeks ago     /bin/sh -c echo 'APT::Install-Recommends 0;'    6.443 MB
<missing>      4 weeks ago     /bin/sh -c #(nop) MAINTAINER sameer@damagehea   0 B
<missing>      4 weeks ago     /bin/sh -c #(nop) CMD ["/bin/bash"]             0 B
<missing>      4 weeks ago     /bin/sh -c sed -i 's/^#\s*\(deb.*universe\)$/   1.895 kB
<missing>      4 weeks ago     /bin/sh -c echo '#!/bin/sh' > /usr/sbin/polic   194.5 kB
<missing>      4 weeks ago     /bin/sh -c #(nop) ADD file:7ce20ce3daa6af21db   187.7 MB
```

▲ 圖 6-3　映像檔各分層具體操作

可以看到 sameersbn/redis 映像檔有 14 層，每一層做的操作可以從 CREATED BY 看到。如果操作的內容顯示不完全，可以在 docker history 後面加「--no-trunc=true」選項列印出完整的內容。像 sameersbn/redis 映像檔肯定需要安裝 Redis 軟體，加上「--no-trunc=true」選項後我們從 CREATED BY 列可以查到 Redis server 安裝和設定的語句，如圖 6-4 所示。

```
<missing>                                            4 weeks ago    /bin/sh -c apt-get update  && DEBIAN_F
RONTEND=noninteractive apt-get install -y redis-server && sed 's/^daemonize yes/daemonize no/' -i /etc/redis/redis.conf && sed 's/
^bind 127.0.0.1/bind 0.0.0.0/' -i /etc/redis/redis.conf  && sed 's/^# unixsocket /unixsocket /' -i /etc/redis/redis.conf  && sed 's/
^# unixsocketperm 755/unixsocketperm 777/' -i /etc/redis/redis.conf  && sed '/^logfile/d' -i /etc/redis/redis.conf  && rm -rf /var/l
ib/apt/lists/*
```

▲ 圖 6-4　映像檔中軟體安裝和設定的命令

對於分層的 Docker 映像檔有兩個特性：一個是已有的分層只能讀不能修改，另外一個是上層映像檔的優先順序高於底層映像檔。

這裡舉一個例子來解釋一下原因，映像檔 B 和映像檔 C 都是在映像檔 A 的基礎上建置起來的，映像檔 A 有一個檔案 a.txt，內容為「hello world」。從使用者的視角，映像檔 B 和映像檔 C 都可以看到檔案 a.txt，內容都是「hello world」。這時，映像檔 B 想修改檔案 a.txt 內容為「hello docker」，如果我們允許直接對映像檔 A 中的檔案 a.txt 進行修改，那麼映像檔 C 看到 a.txt 內容也隨之變為「hello docker」，對於映像檔 C 來說，這是一個不可接受的錯誤。所以，已有的分層都不能修改，如果要修改，只能透過在映像檔 B 的基礎上新增加一個分層 B'，儲存修改後的 a.txt，利用「上層映像檔的優先順序高於底層映像檔」的原則，新增分層 B' 的 a.txt 會覆蓋原有映像檔 A 的 a.txt。從使用者的視角，就會看到修改後的 a.txt 的內容「hello docker」，而映像檔 C 還是看到原有的 a.txt，內容為「hello world」，如圖 6-5 所示。

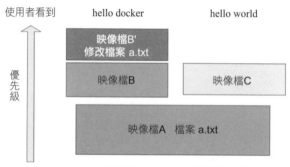

▲ 圖 6-5　從使用者的視角看分層檔案的修改

從映像檔 B 如何修改檔案 a.txt，生成映像檔 B' 呢？

在回答這個問題之前，先回頭看一下如何用分層的概念描述 Docker 容器。我們知道，容器是在映像檔的基礎上建立的，從檔案系統的角度來講，它是在分層映像檔的基礎上增加一個新的空白分層，這個新分層是可讀寫的，如圖 6-6 所示。

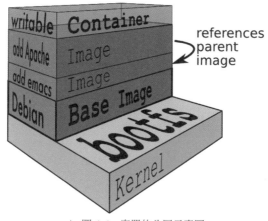

▲ 圖 6-6　容器的分層示意圖

新建立的容器啟動後是可寫的。所有的寫入操作（write）都會儲存在最上面的可讀寫層。Docker 容器可以透過 docker commit 命令提交生成新映像檔。

對於上面提到的問題：從映像檔 B 如何修改檔案 a.txt，生成映像檔 B'。

步驟如下：

首先，基於映像檔 B 建立一個新容器 M1。

其次，在容器 M1 中修改檔案 a.txt 的內容。

最後，透過 docker commit 命令提交生成新的映像檔 B'。

上面我們講述了透過對容器的可寫層修改，來生成新映像檔。但這種方式會讓映像檔的層數越來越多，達到 Union 檔案系統所允許的最多層數（aufs 最多支援 128層）；另外一種情況，許多上層的應用程式映像檔都基於相同的底層基礎映像檔，一旦基礎映像檔需要修改，例如，底層映像檔安裝有 glibc 函式庫，該函式庫突然爆出一個安全性漏洞，需要升級，而基於它的上層應用程式映像檔成千上萬，如果每一個上層映像檔都透過容器的方式生成新映像檔，那麼維護工作量太大了。那還有沒有更好的方式來維護更新 Docker 映像檔呢？答案是 Dockerfile。

6.2 Dockerfile

Linux 環境下的程式設計師都應該使用過 GNU make 來建置和管理自己的專案。使用 GNU 的 make 工具能夠比較方便地建置一個屬於你自己的專案,整個專案的建置只需要一個命令就可以完成編譯、連接以致於最後的執行。不過這需要我們投入一些時間去完成一個稱為 Makefile 檔的編寫。

Makefile 檔中描述了整個專案所有檔案的編譯順序、編譯規則。Makefile 有自己的書寫格式、關鍵字、函數。其中包括:專案中的哪些原始檔案需要編譯以及如何編譯、需要建立哪些函式庫檔案以及如何建立這些函式庫檔案、如何最後產生我們想要的可執行檔。儘管看起來可能是很複雜的事情,但是,為專案編寫 Makefile 的好處是一旦提供一個正確的 Makefile,就能夠使用一行命令來完成「自動化編譯」。編譯整個專案所要做的唯一的一件事就是在 shell 提示符下輸入 make 命令。整個專案完全自動編譯,極大提高了效率。

Docker 提供了和 Makefile 完全一樣的機制來管理映像檔,這就是 Dockerfile。

▶ Dockerfile 語法

在講解 Dockerfile 語法之前,先來看看我們前面使用的一個映像檔(sameersbn/redis)的 Dockerfile 檔案的內容:

```
FROM sameersbn/ubuntu:14.04.20170123
MAINTAINER sameer@damagehead.com


ENV REDIS_USER=redis \
    REDIS_DATA_DIR=/var/lib/redis \
    REDIS_LOG_DIR=/var/log/redis


RUN apt-get update \
 && DEBIAN_FRONTEND=noninteractive apt-get install -y redis-server \
 && sed 's/^daemonize yes/daemonize no/' -i /etc/redis/redis.conf \
 && sed 's/^bind 127.0.0.1/bind 0.0.0.0/' -i /etc/redis/redis.conf \
```

```
    && sed 's/^# unixsocket /unixsocket /' -i /etc/redis/redis.conf \
    && sed 's/^# unixsocketperm 755/unixsocketperm 777/' -i /etc/redis/redis.conf \
    && sed '/^logfile/d' -i /etc/redis/redis.conf \
    && rm -rf /var/lib/apt/lists/*

COPY entrypoint.sh /sbin/entrypoint.sh
RUN chmod 755 /sbin/entrypoint.sh

EXPOSE 6379/tcp
VOLUME ["${REDIS_DATA_DIR}"]
ENTRYPOINT ["/sbin/entrypoint.sh"]
```

從這個例子我們看到 Dockerfile 的語法規則：每行都以一個關鍵字為行首，如果一行內容過長，它使用「\」把多行連接到一起。

第一行使用關鍵字 FROM，它表示新的映像檔是從 sameersbn/ubuntu:14.04.20170123 這個基礎映像檔開始建置的，sameersbn/ubuntu:14.04.20170123 是它的最底層映像檔。

MAINTAINER：指定該映像檔建立者。

ENV：設定環境變數。

RUN：執行 shell 命令，如果有多個命令可以用「&&」連接。

COPY：將編譯機本地檔案複製到映像檔檔案系統中。

EXPOSE：指定監聽的埠。

ENTRYPOINT：這個關鍵字和以上所有的關鍵字是有區別的，上面的關鍵字都是在建置映像檔時執行，但這一個關鍵字是想要執行的命令，在建立映像檔時不執行，要等到使用該映像檔建立容器，容器啟動後才執行的命令。

簡單來說，對於 sameersbn/redis 映像檔來說，它從基礎映像檔 sameersbn/ubuntu 開始建立，透過 RUN 關鍵字安裝 redis-server，命令如下：

```
RUN apt-get update \
  && DEBIAN_FRONTEND=noninteractive apt-get install -y redis-server
```

透過 ENTRYPOINT 關鍵字指定將來建立的新容器使用 /sbin/entrypoint.sh 來啟動 redis 服務。指令腳本 entrypoint.sh 的完整內容參考 https://github.com/sameersbn/docker-redis/blob/master/entrypoint.sh。我們只需找出 entrypoint.sh 中啟動 redis 服務的那個語句。

```
if [[ -z ${1} ]]; then
  echo "Starting redis-server..."
  exec start-stop-daemon --start --chuid ${REDIS_USER}:${REDIS_USER} --exec $(which redis-server) -- \
    /etc/redis/redis.conf ${REDIS_PASSWORD:+--requirepass $REDIS_PASSWORD}
${EXTRA_ARGS}
else
  exec "$@"
fi
```

以 sameersbn/redis 為例,我們分析了 Dockerfile 基本語法。下面我們看看如何透過 Dockerfile 編譯生成映像檔。

先建立一個映像檔 image_redis,把本節開頭 Dockerfile 的內容放入 image_redis/Dockerfile 檔案下,另外建立一個 image_redis/entrypoint.sh 檔案,內容如下:

```
#!/bin/bash
set -e

REDIS_PASSWORD=${REDIS_PASSWORD:-}

map_redis_uid() {
  USERMAP_ORIG_UID=$(id -u redis)
  USERMAP_ORIG_GID=$(id -g redis)
  USERMAP_GID=${USERMAP_GID:-${USERMAP_UID:-$USERMAP_ORIG_GID}}
  USERMAP_UID=${USERMAP_UID:-$USERMAP_ORIG_UID}
  if [ "${USERMAP_UID}" != "${USERMAP_ORIG_UID}" ] || [ "${USERMAP_GID}"
!= "${USERMAP_ORIG_GID}" ]; then
    echo "Adapting uid and gid for redis:redis to $USERMAP_UID:$USERMAP_
```

```
GID"
    groupmod -g "${USERMAP_GID}" redis
    sed -i -e "s/:${USERMAP_ORIG_UID}:${USERMAP_GID}:/:${USERMAP_
UID}:${USERMAP_GID}:/" /etc/passwd
  fi
}
create_socket_dir() {
  mkdir -p /run/redis
  chmod -R 0755 /run/redis
  chown -R ${REDIS_USER}:${REDIS_USER} /run/redis
}

create_data_dir() {
  mkdir -p ${REDIS_DATA_DIR}
  chmod -R 0755 ${REDIS_DATA_DIR}
  chown -R ${REDIS_USER}:${REDIS_USER} ${REDIS_DATA_DIR}
}
create_log_dir() {
  mkdir -p ${REDIS_LOG_DIR}
  chmod -R 0755 ${REDIS_LOG_DIR}
  chown -R ${REDIS_USER}:${REDIS_USER} ${REDIS_LOG_DIR}
}

map_redis_uid
create_socket_dir
create_data_dir
create_socket_dir

# allow arguments to be passed to redis-server
if [[ ${1:0:1} = '-' ]]; then
  EXTRA_ARGS="$@"
  set --
fi

# default behaviour is to launch redis-server
```

```
if [[ -z ${1} ]]; then
  echo "Starting redis-server..."
  exec start-stop-daemon --start --chuid ${REDIS_USER}:${REDIS_USER} --exec
$(which redis-server) -- \
    /etc/redis/redis.conf ${REDIS_PASSWORD:+--requirepass $REDIS_PASSWORD}
${EXTRA_ARGS}
else
  exec "$@"
fi
```

然後，用 docker build 命令編譯 Dockerfile，透過「-t」選項為映像檔命名（帶版本號）：

```
$ docker build -t image_redis:v1.0 .
Sending build context to Docker daemon 4.608 kB
Step 1 : FROM sameersbn/ubuntu:14.04.20160121
 ---> 4dc780eb0d90
Step 2 : MAINTAINER sameer@damagehead.com
 ---> Using cache
 ---> 5641bc665c06
Step 3 : ENV REDIS_USER redis REDIS_DATA_DIR /var/lib/redis REDIS_LOG_DIR
/var/log/redis
 ---> Using cache
 ---> 62058c3b1963
Step 4 : RUN apt-get update  && DEBIAN_FRONTEND=noninteractive apt-get
install -y redis-server  && sed 's/^daemonize yes/daemonize no/' -i /etc/
redis/redis.conf  && sed 's/^bind 127.0.0.1/bind 0.0.0.0/' -i /etc/redis/
redis.conf  && sed 's/^# unixsocket /unixsocket /' -i /etc/redis/redis.
conf  && sed 's/^# unixsocketperm 755/unixsocketperm 777/' -i /etc/redis/
redis.conf  && sed '/^logfile/d' -i /etc/redis/redis.conf  && rm -rf /var/
lib/apt/lists/*
 ---> Using cache
 ---> f08e7917d224
Step 5 : COPY entrypoint.sh /sbin/entrypoint.sh
 ---> 74bd9a76c27b
Removing intermediate container 452ba6152a61
```

```
Step 6 : RUN chmod 755 /sbin/entrypoint.sh
 ---> Running in 04d853e4384c
 ---> c2778f2bf1a9
Removing intermediate container 04d853e4384c
Step 7 : EXPOSE 6379/tcp
 ---> Running in 5f99c269417d
 ---> 358281b67a60
Removing intermediate container 5f99c269417d
Step 8 : VOLUME ${REDIS_DATA_DIR}
 ---> Running in dd0cb7dc7469
 ---> dd8fda457738
Removing intermediate container dd0cb7dc7469
Step 9 : ENTRYPOINT /sbin/entrypoint.sh
 ---> Running in 4a30e014dc4f
 ---> f00930ed158b
Removing intermediate container 4a30e014dc4f
Successfully built f00930ed158b
```

編譯過程有 9 個步驟，每一步對應 Dockerfile 的一個關鍵字，每執行完一步，都會生成一個臨時映像檔，如 Step 5 生成的臨時映像檔的 ID 為 74bd9a76c27b。

建置完畢，透過 docker images 就可以查到名字是 image_redis:v1.0 的新映像檔：

```
$ docker images
REPOSITORY          TAG          IMAGE ID          CREATED          SIZE
image_redis         v1.0         f00930ed158b      12 minutes ago   196.5 MB
```

有了新映像檔，就可以透過 docker run 命令建立和使用新容器了。但該映像檔只存在於編譯的主機，如何把編譯好的映像檔分發給其他機器使用呢？這需要用到 Docker 倉庫作為轉運媒介，在後續的章節會介紹。

有了 Dockerfile 檔，維護映像檔就很簡單了。只需要修改 Dockerfile 的某個語句，透過 docker build 重新建置即可，另外還可以透過 -t 選項指定一個新版本，可以很方便地在新舊兩個版本間快速切換。

6.3 專案中的映像檔分層

我們前面講過三個專案：WordPress、GitLab 和 Redmine。由於 WordPress 沒有公開 Dockerfile，我們跳過不談。我們把 GitLab 和 Redmine 專案所有映像檔分層放在一起來看，就會發現一些有意思的東西，需要說明一下，這兩個專案都是由同一個人維護的。GitLab 和 Redmine 的映像檔分層的結構如圖 6-7 所示。

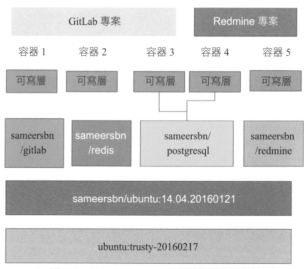

▲ 圖 6-7　GitLab 和 Redmine 的映像檔分層的結構

從圖 6-7 我們可以總結以下三點：

* 這兩個專案使用四個映像檔建立五個容器，這四個映像檔都是基於相同的基礎映像檔 sameersbn/ubuntu，而 sameersbn/ubuntu 又是在更通用的 Ubuntu 系統映像檔基礎上製作的。

* 每個映像檔加一個可寫層形成容器，多個容器組合在一起，對外提供某些特殊功能的服務。

* 基於同一個映像檔只需要增加一個可寫層，就可以為不同專案建立各自需要的容器（容器 3 和容器 4）。

對我們的啟發是：當我們製作自己的應用程式映像檔時，也 量考慮使用相同的底層映像檔，這樣可以極大地降低後續維護的成本。我們根據自己的實際應用情境選擇適合自己的基礎映像檔，也可以在已有的基礎映像檔上改造提交新映像檔作為自己專案的基礎映像檔。但有些時候，我們在 Docker Hub 上實在找不到適合自己用的基礎映像檔，這時就可以從頭打造一個完全屬於自己的基礎鏡映像檔。

6.4 定制私有的基礎映像檔

從 6.2 節我們知道 sameersbn/redis 映像檔是以 sameersbn/ubuntu:14.04.20160121 為基礎映像檔進行建置的，而 sameersbn/ubuntu:14.04.20160121 映像檔又是以 ubuntu:trusty-20160217 為基礎映像檔進行建置的。那麼，ubuntu:trusty-20160217 是基於什麼映像檔建置的呢？最基礎、最底層的映像檔又是如何建置的呢？

使用 debootstrap 工具，可以定制自己需要的最小化的 Linux 基礎映像檔，這裡我們製作了一個 Ubuntu 14.04 的基礎映像檔，並把系統時區修改為 GMT+8（修改時區只是舉例，其實可以修改系統的任何檔案）。

```
$ sudo apt-get install debootstrap
$ sudo debootstrap --arch amd64 trusty ubuntu-trusty http://mirrors.163.
com/ubuntu/
$ cd ubuntu-trusty
$ sudo cp usr/share/zoneinfo/Asia/Taipei  etc/localtime
```

提交生成基礎映像檔，名字為 ubuntu1404-baseimage:1.0。

```
$ cd ubuntu-trusty
$ sudo tar -c .|docker import - ubuntu1404-baseimage:1.0
```

透過 docker images 可以查到新建立的映像檔。

```
$ docker images
REPOSITORY            TAG       IMAGE ID        CREATED          SIZE
ubuntu1404-baseimage  1.0       47f52695a5c6    43 seconds ago   228.3 MB
```

我們建立一個新容器，查看 Ubuntu 的系統版本和時區修改是否成功（透過 date 命令核對系統時間是否正確）。

```
$ docker run -t -i ubuntu1404-baseimage:1.0 /bin/bash
root@c09ba1a54004:/# cat /etc/issue
Ubuntu 14.04 LTS \n \l
root@1b7b128888e9:/# date
Sun Feb 21 17:29:12 CST 2016
```

這樣我們就製作好了屬於自己的私有映像檔。我們的應用層的映像檔就可以在該映像檔的基礎上繼續擴展了。

6.5 本章小結

本章主要分析了 Docker 映像檔的分層的組織結構和背後的原理，然後透過舉例講解了 DockerFile 在映像檔建立和修改時的操作，最後還簡單介紹了如何定制一個私有的基礎映像檔。

CHAPTER | 7

Docker
倉庫管理

前 面已經介紹了 Docker 的容器（container）和映像檔（image），本章就詳
細介紹最後一個元件：Docker 倉庫（Docker Registry），倉庫主要用於映
像檔的儲存，它是 Docker 映像檔分發、部署的關鍵。在實際應用中，由開發者或
者維運者製作好應用程式映像檔，然後上傳到映像檔倉庫。Docker daemon（Docker
守護行程）再從倉庫拉取（pull）映像檔，然後執行公開倉庫相應的映像檔。

我們可以使用官方的 Docker Hub，也可以建置自己的私有倉庫來儲存我們的映像
檔。本章將詳細討論這兩種方式。

7.1 映像檔的公開倉庫

目前 Docker 官方維護了一個公開倉庫 Docker Hub，其中已經包括了超過 400,000
個公開映像檔。如果我們僅僅需要搜尋和使用 Docker Hub 的公開映像檔，不需要
Docker Hub 帳戶就可以直接操作。但如果需要上傳和分享我們建立的映像檔，就
需要 Docker Hub 帳戶。另外，Docker Hub 還支援使用者建立私有的映像檔倉庫，
用於私有映像檔的儲存和跨主機部署。

7.1.1 建立 Docker Hub 帳戶

在使用 Docker Hub 之前，我們需要先建立自己的帳號。透過 Web 介面 https://hub.
docker.com/，輸入使用者名稱、電子郵件和密碼就可以完成註冊，然後透過電子信
件啟動。使用使用者名稱、密碼登入後介面如圖 7-1 所示。

▲ 圖 7-1　Docker Hub 登入介面

在命令列終端也可以透過 docker login 登入 Docker Hub 帳戶：

```
$ docker login
Login with your Docker ID to push and pull images from Docker Hub. If you
don't have a Docker ID, head over to https://hub.docker.com to create one.
Username: harney
Password:
Login Succeeded
```

登入 Docker Hub 後，就可以進行搜尋、下載和上傳映像檔等基本操作了。

7.1.2　基本操作

在第 6 章，我們製作了一個客製化的基礎映像檔 ubuntu1404-baseimage:1.0，現在我們討論一下如何透過 Docker Hub 來上傳、搜尋、下載該映像檔。

▶ 1. 上傳映像檔

首先透過 docker login 登入 Docker Hub，然後才能上傳映像檔。上傳映像檔透過 docker push 命令實現：

```
$ docker push ubuntu1404-baseimage:1.0
```

▶ 2. 搜尋映像檔

我們可以執行 docker search 來查詢 Docker Hub 中的映像檔，可以透過映像檔名稱、使用者名稱及描述資訊等搜尋映像檔。例如，我們輸入 centos 搜尋與 CentOS 相關的映像檔：

```
$ docker search centos
NAME        DESCRIPTION                 STARS  OFFICIAL   AUTOMATED
centos      The official build of CentOS. 3298  [OK]      jdeathe/centos-ssh
CentOS-6 6.8 x86_64/CentOS-7 ...        63     [OK]      consol/centos-xfce-vnc
Centos      container with "headless"... 25    [OK]
......
```

可以看到返回了很多與 CentOS 相關的映像檔,每行依次為映像檔名稱、描述資訊、
星級(表示該映像檔的受歡迎程度)、是否官方建立、是否自動建立。

▶ 3. 下載映像檔

執行命令 docker pull,可以從 Docker Hub 下載映像檔。例如,我們下載官方提供
的 CentOS 映像檔:

```
$ docker pull centos
Pulling repository centos
0b443ba03958: Download complete
539c0211cd76: Download complete
511136ea3c5a: Download complete
7064731afe90: Download complete


Status: Downloaded newer image for centos
```

7.2 私有倉庫

對於個人來說,如果只是學習 Docker,Docker Hub 就足夠了。但是,如果想建置
一個基於 Docker 的 PaaS 平台,使用 Docker Hub 可能不方便,原因如下:

- Docker 公開倉庫和私有倉庫基本使用。
- 很多公司的 IDC 環境是無法存取外網的。
- 很多應用程式,考慮到安全因素,將程式直接放到公開倉庫是不合適的。
- 網路速度、頻寬都會成為「瓶頸」。

所以，我們有必要建置自己的私有倉庫。Docker 官方已經提供了 Docker Registry 元件，我們可以用它來建置我們自己的私有映像檔倉庫。

7.2.1　安裝 Docker Registry

審註

> 原作提供的是 0.9.1 的版本，這邊將資訊更新成 2.x，所以會有所不同。這邊也保留原作提供
> 的 RPM 安裝方式，並稍做更新，但仍然推薦使用 Docker 去做安裝。

▶ 1. 使用 Docker 映像檔的安裝方式

Docker 官方提供了 Docker Registry 的映像檔，我們可以直接使用該映像檔。這也是最簡單的方式。

```
$ docker run -d -p 5000:5000 registry:2
```

執行上面的命令，Docker 會自動從 Docker Hub 拉取 library/registry 的映像檔，然後啟動 Docker Registry 服務，Docker Registry 預設監聽 5000 埠。

可以透過環境變數方式「-e」設定參數。例如，如果 Docker Registry 想使用 Amazon S3 儲存映像檔，可以執行下面的命令：

```
$ docker run \
   -e SETTINGS_FLAVOR=s3 \
   -e AWS_BUCKET=mybucket \
   -e STORAGE_PATH=/registry \
   -e AWS_KEY=myawskey \
   -e AWS_SECRET=myawssecret \
   -e SEARCH_BACKEND=sqlalchemy \
   -p 5000:5000 \
  registry:2
```

詳細設定參數見 7.2.2 節。

▶ 2. 使用 rpm 安裝方式

目前，EPEL（Fedora Extra Packages for Enterprise Linux）中 已 經 包 含 Docker Registry 的套件，我們可以直接使用。

但是正式套件名稱不是 docker-registry，而是 docker-distribution。雖然輸入 docker-registry 也會重新導向到 docker-distribution，但建議還是直接輸入正確的套件名稱。

```
$ sudo yum install docker-distribution -y
```

啟動 docker-distribution：

```
$ sudo service docker-distribution start
Starting docker-registry:                              [  OK  ]
$ sudo service docker-distribution status
docker-registry (pid  31079) is running...
```

預設，docker-distribution 會監聽 5000 埠，舊版（0.91）會啟動八個行程，但新版（2.x）只會啟動一個，本書以新版作為示例。

```
$ netstat -ltnp |grep 5000
tcp6        0        0 :::5000                :::*                  LISTEN
1865/registry

$ ps -ef |grep 1865
root        1865      1  0 13:11 ?          00:00:00 /usr/bin/registry serve /
etc/docker-distribution/registry/config.yml
```

7.2.2 設定檔

在預設情況下，Docker Registry 透過 /etc/docker-distribution/registry/config.yml 進行各種設定。若是使用 docker run 建置，則可以把在主機上的 config.yml 掛載到 /etc/docker-distribution/registry/config.yml。

設定檔使用 YAML 格式，並提供各種不同的模板，Docker Registry 可以針對不同的環境選擇不同的模板。

在官網的參考文件 https://docs.docker.com/registry/configuration/ 可以看到能設定的選項說明，這邊擷取一些常用的項目：

```
version: 0.1
log: 訊息紀錄相關設定
storage: 儲存空間相關設定
filesystem: 儲存資料到本機空間
azure: 儲存資料到 Microsoft Azure
gcs：儲存資料到 Google 雲端服務
s3：儲存資料到 AWS S3
swift：儲存資料到 OpenStack Swift 服務
oss: 儲存資料到阿里雲的 OSS
auth: 提供登入功能
http: HTTP 伺服器相關設定
redis: redis 連線相關設定
health: 定期確認儲存空間狀態的相關設定
```

針對每種環境去設定，這邊可以參照 config-example.yml 做學習：

```
version: 0.1
log:
  fields:
    service: registry
storage:
  cache:
    blobdescriptor: inmemory
  filesystem:
    rootdirectory: /var/lib/registry
http:
  addr: :5000
  headers:
    X-Content-Type-Options: [nosniff]
```

```
health:
  storagedriver:
    enabled: true
    interval: 10s
    threshold: 3
```

7.3 透過 Nginx 建置安全的私有倉庫

目前 Docker Registry 沒有提供安全認證，所以，所有知道 URL 的人都可以上傳映像檔，這在實際生產環境中是非常危險的。我們需要認證功能，可以使用 Nginx 建置一個帶認證功能的私有倉庫。

7.3.1 Nginx 安裝與設定

▶ 1. 安裝 Nginx

安裝 Nginx 的命令如下：

```
$ sudo yum install nginx -y
```

推薦使用版本 1.3.9 以上的 Nginx。

▶ 2. 設定

建立 /etc/nginx/conf.d/registry.conf 檔案，內容如下：

```
# For versions of nginx> 1.3.9 that include chunked transfer encoding
support
# Replace with appropriate values where necessary

upstream docker-registry {
  server localhost:5000; # 這裡修改為你的 Docker Registry 的位址
}
```

```
# uncomment if you want a 301 redirect for users attempting to connect
# on port 80
# NOTE: docker client will still fail. This is just for convenience
# server {
#   listen *:80;
#   server_name my.docker.registry.com;
#   return 301 https://$server_name$request_uri;
# }

server {
  listen 443;
  server_name myregistrydomain.com;

  ssl on; # 打開 SSL
  ssl_certificate /etc/ssl/certs/docker-registry.crt; # 公鑰憑證
  ssl_certificate_key /etc/ssl/private/docker-registry.key; # 私鑰

  client_max_body_size 0; # disable any limits to avoid HTTP 413 for large
image uploads

  # required to avoid HTTP 411: see Issue #1486
  # (https://github.com/docker/docker/issues/1486)
  chunked_transfer_encoding on;

  location / {
  auth_basic            "Restricted";
  auth_basic_user_file docker-registry.htpasswd; # 使用者名稱、密碼檔案
  include docker-registry.conf;
    }
  location /_ping {
  auth_basic off;
  include docker-registry.conf;
    }
```

```
location /v1/_ping {
auth_basic off;
include docker-registry.conf;
  }
}
```

因為後面涉及密碼傳輸，這裡打開了 SSL 的支援。

建立 /etc/nginx/docker-registry.conf 檔案，內容如下：

```
proxy_pass                    http://docker-registry;
proxy_set_header  Host        $http_host;   # required for docker client's
sake
proxy_set_header  X-Real-IP   $remote_addr; # pass on real client's IP
proxy_set_header  Authorization  ""; # see https://github.com/dotcloud/
docker-registry/issues/170
proxy_read_timeout            900;
```

用 htpasswd 指令建立認證的使用者和密碼，命令如下：

```
$ sudo htpasswd -bc /etc/nginx/docker-registry.htpasswd <USERNAME>
<PASSWORD>
```

例如：

```
$ sudo htpasswd -bc /etc/nginx/docker-registry.htpasswd testuser
testpassword
Adding password for user docker
$ cat /etc/nginx/docker-registry.htpasswd
docker:FRF5oER6LpDCc
```

到這裡，Nginx 的基本設定完成，但別忙啟動 Nginx，我們還需要給 Nginx 設定 SSL 憑證。

7.3.2 SSL 憑證

一般來說，我們應該使用權威 CA（Certification Authority）機構簽名的憑證（Certificates）。為了簡單，我們這裡使用自己簽名（Self-Signed）的憑證，並在後面補充使用 Let's Encrypt 憑證的方式。

▶ 1. 建立 CA

在給 Nginx 建立簽名的憑證之前，我們先要建立一個我們自己的 CA，CA 包含公鑰和私鑰，私鑰用於給其他憑證簽名，公鑰用於別人驗證憑證的有效性。

```
$ echo 01 >ca.srl
$ openssl genrsa -des3 -out ca-key.pem 2048
Generating RSA private key, 2048 bit long modulus
..............................+++
....................................................................
.............................................................+++
e is 65537 (0x10001)
Enter pass phrase for ca-key.pem:
Verifying - Enter pass phrase for ca-key.pem:

$ openssl req -new -x509 -days 365 -key ca-key.pem -out ca.pem
Enter pass phrase for ca-key.pem:
You are about to be asked to enter information that will be incorporated
into your certificate request.
What you are about to enter is what is called a Distinguished Name or a
DN.
There are quite a few fields but you can leave some blank
For some fields there will be a default value,
If you enter '.', the field will be left blank.
-----
Country Name (2 letter code) [XX]:TW
State or Province Name (full name) []: Taiwan
Locality Name (eg, city) [Default City]: Taipei
```

```
Organization Name (eg, company) [Default Company Ltd]: GOTOP
Organizational Unit Name (eg, section) []: IT
Common Name (eg, your name or your server's hostname) []: myregistrydomain.
com
Email Address []: docker@gotop.com.tw
```

現在，我們有了一個自己的 CA，就可以為 Nginx 建立憑證了。

▶ 2. 為 Ngnix 建立憑證

使用 openssl genrsa 建立憑證的命令如下：

```
$ openssl genrsa -des3 -out server-key.pem 2048
Generating RSA private key, 2048 bit long modulus
.....+++
.................+++
e is 65537 (0x10001)
Enter pass phrase for server-key.pem:
Verifying - Enter pass phrase for server-key.pem:

$ openssl req -subj '/CN=myregistrydomain.com' -new -key server-key.pem
-out server.csr
Enter pass phrase for server-key.pem:

$ openssl x509 -req -days 365 -in server.csr -CA ca.pem -CAkey ca-key.pem
-out server-cert.pem
Signature ok
subject=/CN=myregistrydomain.com
Getting CA Private Key
Enter pass phrase for ca-key.pem:
```

接著，刪除 server key 中的 passphrase：

```
$ openssl rsa -in server-key.pem -out server-key.pem
Enter pass phrase for server-key.pem:
writing RSA key
```

然後，安裝 server-key 和 server-crt。

```
$ sudo cp server-cert.pem /etc/ssl/certs/docker-registry.crt
$ sudo cp server-key.pem /etc/ssl/private/docker-registry.key
```

到這裡，Nginx 的 SSL 憑證就算設定好了。啟動 Nginx 即可。

```
$ sudo service nginx start
```

7.4 透過 Let's Encrypt 憑證建立安全的私有倉庫

上一節提到了透過 Nginx 搭配自簽憑證建立安全的私有倉庫，這一節則是使用 Let's Encrypt 搭配 Docker Registry 的映像檔直接建立安全的私有倉庫。

7.4.1 使用 Let's Encrypt 申請憑證

首先安裝 Let's Encrypt，並且生成網域（domain）是 myregistrydomain.com、 電子郵件是 info@example.com 的憑證。網域切記要指向到主機的 IP。

```
$ sudo apt-get update
$ sudo apt-get install letsencrypt

$ sudo git clone https://github.com/letsencrypt/letsencrypt /opt/
letsencrypt
```

```
$ cd /opt/letsencrypt
$ sudo -H ./letsencrypt-auto certonly --keep-until-expiring --standalone
-d myregistrydomain.com --email info@example.com
IMPORTANT NOTES:
 - Congratulations! Your certificate and chain have been saved at
   /etc/letsencrypt/live/myregistrydomain.com/fullchain.pem. Your
   cert will expire on 2017-07-27. To obtain a new version of the
   certificate in the future, simply run Let's Encrypt again.
 - If you like Let's Encrypt, please consider supporting our work by:

   Donating to ISRG / Let's Encrypt:    https://letsencrypt.org/donate
   Donating to EFF:                      https://eff.org/donate-le
```

成功的訊息會提示我們憑證已經放置在 /etc/letsencrypt/live/myregistrydomain.com/
裡，這時候要把憑證檔案命名成映像檔認得的名稱。

```
# cd /etc/letsencrypt/live/myregistrydomain.com/
# cp privkey.pem domain.key
# cat cert.pem chain.pem > domain.crt
# chmod 777 domain.crt
# chmod 777 domain.key
```

7.4.2　建立基本登入機制

這邊我們一樣透過 htpasswd 建立登入資訊：

```
$ sudo mkdir -p /srv/docker/registry/auth
$ docker run --entrypoint htpasswd registry:2 \
  -Bbn testuser testpassword > /srv/docker/registry/auth/htpasswd
```

7.4.3　建立 Docker Registry

最後啟動 Docker Registry 的容器：

```
$ docker run -d -p 443:5000 --restart=always --name registry \
  -v /etc/letsencrypt/live/myregistrydomain.com:/certs \
  -v /opt/docker-registry:/var/lib/registry \
  -v /srv/docker/registry/auth:/auth \
  -e REGISTRY_HTTP_TLS_CERTIFICATE=/certs/domain.crt \
  -e REGISTRY_HTTP_TLS_KEY=/certs/domain.key \
  -e "REGISTRY_AUTH=htpasswd" \
  -e "REGISTRY_AUTH_HTPASSWD_REALM=Registry Realm" \
  -e REGISTRY_AUTH_HTPASSWD_PATH=/auth/htpasswd \
  registry:2
```

這樣一來，一個安全的私有倉庫就建立完成了。

7.5　上傳映像檔

7.5.1　客戶端設定

為了 Docker 能夠正常地存取 Nginx，需要安裝我們自己的 CA，用於驗證 Nginx 的憑證有效性。

> **注意！**
>
> 目前，Docker 如果使用 HTTPS 連結，會驗證憑證的有效性，不允許 curl -k 類似的非安全連結。但是，已經有一些議題（Issues）在討論非安全的連結，具體可參考：
> https://github.com/docker/docker/pull/2687
> https://github.com/docker/docker/pull/5817
> https://github.com/docker/docker/pull/8467

▶ 1. 安裝 CA

透過以下命令完成安裝 CA：

```
$ sudo update-ca-trust enable
$ sudo cpca.pem /etc/pki/ca-trust/source/anchors/ca.crt
$ sudo update-ca-trust extract
```

然後重啟 Docker。

> **注意！**
>
> 總的來說，相對於官方的 Docker Hub，這種透過 Nginx 完成驗證的做法是比較粗糙的。但是，社群已經在討論給 Docker Registry 增加驗證的功能了，可以參考：
> https://github.com/docker/docker-registry/issues/541

7.5.2 登入與上傳

因為我們有設置登入保護機制，所以要先透過 docker login 登入私有倉庫：

```
$ docker login docker.practice.fntsr.tw
Username: testuser
Password:
Login Succeeded
```

登入後就會在家目錄產生 .docker/config.json 的設定檔，保存認證資訊，如下：

```
{
  "auths": {
    "myregistrydomain.com": {
      "auth": "ZG9ja2VyOmRvY2tlcg=="
    }
  }
}
```

登入後，我們就可以上傳自己的映像檔了。

```
$ docker pull ubuntu
$ docker tag ubuntu myregistrydomain.com/ubuntu

$ docker push myregistrydomain.com/ubuntu
The push refers to a repository [myregistrydomain.com/ubuntu]
73e5d2de6e3e: Pushed
08f405d988e4: Pushed
511ddc11cf68: Pushed
a1a54d352248: Pushed
9d3227c1793b: Layer already exists
latest: digest: sha256:f3a61450ae43896c4332bda5e78b453f4a93179045f20c81810
43b26b5e79028 size: 1357

$ docker pull myregistrydomain.com/ubuntu
Using default tag: latest
latest: Pulling from ubuntu
Digest: sha256:f3a61450ae43896c4332bda5e78b453f4a93179045f20c8181043b26b
5e79028
Status: Image is up to date for docker.practice.fntsr.tw/ubuntu:latest
```

7.6 本章小結

本章介紹了公開倉庫的使用方法，以及在什麼情境下需要使用私有倉庫，如何建立和管理安全的私有倉庫。

## CHAPTER 8

Docker 網路和
儲存管理

本章主題是 Docker 各容器之間如何相互通訊,以及在 Docker 整個生命週期中的資料管理方式。

8.1 Docker 網路

網路是虛擬化技術中最複雜的部分,也是 Docker 應用中的一個重要環節。Docker 中的網路主要解決容器與容器、容器與外部網路、外部網路與容器之間的互相通訊的問題。本節我們主要討論一下 Docker 中網路的一些基本原理和應用。

8.1.1 Docker 的通訊方式

預設情況下,Docker 使用橋接器(bridge)+ NAT 的通訊模型,大致如圖 8-1 所示。

Docker 在啟動時預設會自動建立橋接器設備 docker0,並設定 IP 172.17.0.1/16:

```
$ ifconfig docker0
docker0: flags=4099<UP,BROADCAST,MULTICAST>  mtu 1500
        inet 172.17.0.1  netmask 255.255.0.0  broadcast 0.0.0.0
        ether 02:42:48:fb:81:11  txqueuelen 0  (Ethernet)
        RX packets 0  bytes 0 (0.0 B)
        RX errors 0  dropped 0  overruns 0  frame 0
        TX packets 0  bytes 0 (0.0 B)
        TX errors 0  dropped 0 overruns 0  carrier 0  collisions 0
```

當 Docker 啟動容器時，會建立一對 veth 虛擬網路設備，並將其中一個 veth 網路設備附加到橋接器 docker0，另一個加入容器的網路命名空間（network namespace），並改名為 eth0。這樣，同一個 Host 的容器與容器之間就可以透過 docker0 通訊了。

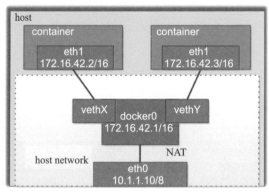

▲ 圖 8-1　橋接器 +NAT 的通訊模型

僅僅解決 Host 內部的容器之間的通訊是不夠的，還需要解決容器與外部網路之間的通訊，為此，Docker 引入 NAT。

❶ 容器存取外部網路

為了解決容器存取外部網路，Docker 建立如下 MASQUERADE 規則：

```
-tnat-A POSTROUTING -s 172.17.0.0/16 ! -o docker0 -j MASQUERADE
```

這道規則將所有從容器（172.17.0.0/16）發出的、目的位址為 Host 外部網路封包的 IP 都修改成 Host 的 IP，並由 Host 發送出去。

❷ 外部網路存取容器

如果容器提供的服務需要暴露給外部網路，Docker 在啟動容器時，就會建立 SNAT 規則。例如，我們啟動一個 Apache 容器：

```
$ docker run -d -P 80:80 apache
```

這會建立下面的 SNAT 規則：

```
# iptables -t nat-A PREROUTING -m addrtype --dst-type LOCAL -j DOCKER
# iptables -t nat-A DOCKER ! -i docker0 -p tcp -m tcp --dport80 -j DNAT
--to-destination 172.17.0.2:80
```

實際上，第一條規則是在 Docker daemon（Docker 守護行程）啟動時預設建立的，第二條規則是在啟動容器時建立的。

8.1.2 網路設定

▶ 1. 網路設定參數

在 Docker 中，有很多與網路設定相關的參數，一些是 Docker daemon 本身的，這會影響所有的容器；另外一些是設定容器的，這些設定只會影響某個具體的容器。

❶ Docker daemon 的網路設定

Docker daemon 提供下面一些與網路設定相關的參數：

```
$ dockerd --help
....
    --bip string          Specify network bridge IP
 -b, --bridge string      Attach containers to a network bridge
......
    --dns list            DNS server to use (default [])
    --dns-opt list        DNS options to use (default [])
    --dns-search list     DNS search domains to use
(default [])
......
    --icc                 Enable inter-container communication (default true)
......
    --ip ip               Default IP when binding container ports
    --ip-forward          Enable net.ipv4.ip_forward (default true)
    --ip-masq             Enable IP masquerading (default true)
```

```
    --iptables         Enable addition of iptables rules (default true)
    --ipv6             Enable IPv6 networking
......
    --mtu int          Set the containers network MTU
```

我們來逐個看這些參數：

- -b/--bridge：指定 Docker 使用的橋接器設備。預設情況下，Docker 會建立（使用）
  docker0 橋接器設備，透過該參數可以指定 Docker 使用已經存在的橋接器設備。

- --bip：指定橋接器設備 docker0 的 IP 和遮罩，使用標準的 CIDR 形式，如
  192.168.1.5/24。

- --dns/--dns-search：設定容器的 DNS，該參數既可以在啟動 Docker daemon 時指
  定（成為所有容器的預設值），也可以在啟動容器（docker run）時指定（覆蓋
  預設值）。我們會在下面介紹「設定 DNS」時詳細討論。

> **審註**
>
> 舊版關於 Docker daemon 的指令 docker daemon ...... 已經不建議使用，並即將在未來
> 的版本被棄用。17.03.1-ce 已經改成 dockerd ......，本書後面相關指令都已經統一改用
> dockerd。

❷ 容器的網路設定

下面一些參數是在執行 docker run 時，提供給具體容器的：

```
$ docker run --help
......
--network="bridge" : Connect a container to a network
                    'bridge': create a network stack on the default
Docker bridge
                    'none': no networking
                    'container:<name |id>': reuse another container's
network stack
                    'host': use the Docker host network stack
```

```
                     '<network-name>|<network-id>': connect to a user-
defined network
......
```

--network 用於指定容器使用的網路通訊方式，它可以取下面四個值：

- bridge：這個 Docker 中的容器預設的方式，在 8.1.1 節中已經詳細討論過。

- none：容器沒有網路協定堆疊（network stack），也就是說容器無法與外部通訊。

- container:<name|id>：使用其他容器（name 或者 id 指定）的網路協定堆疊。實際上，Docker 會將該容器加入指定容器的網路命名空間（network namespace），這是一種非常有用的方式。

- host：表示容器使用 Host 的網路，沒有自己獨立的網路協定堆疊。實際上，在這種情況下，Docker 不會給容器建立單獨的網路命名空間。由於容器可以完全存取 Host 的網路，所以此方式也是不安全的。

▶ 2. 設定 DNS

一般來說，每個容器的 hostname 和 DNS 設定資訊是不同的，我們不可能為每個容器都建置一個映像檔，並在映像檔中指定這些資訊。那麼如何解決這個問題呢？

實際上，Docker 在啟動容器時，會使用 bind mount 動態掛載 /etc/hostname、/etc/hosts、/etc/resolv.conf 幾個檔案，覆蓋映像檔中原來的檔案，我們可以在容器內部看到這個資訊：

```
$ mount
...
/dev/sda1 on /etc/resolv.conf type ext4 (rw,relatime,data=ordered)
/dev/sda1 on /etc/hostname type ext4 (rw,relatime,data=ordered)
/dev/sda1 on /etc/hosts type ext4 (rw,relatime,data=ordered)
```

所以，我們可以透過命令列參數在啟動 Docker 時指定 DNS。

8.2 Docker 資料管理

8.2.1 基本介紹

Docker 中的容器一旦刪除，容器本身對應的 rootfs（root file system，根檔案系統）就會被刪除，容器中的所有資料也將隨之刪除。但有的時候，我們想要資料如日誌或者其他需要持久化的資料，不隨容器的刪除而刪除。還有的時候，我們希望在同一台 Host 的容器之間可以共用資料。

為此，Docker 提供了資料卷（data volume），資料卷除了可以持久化資料，還可以用於容器之間共用資料。

8.2.2 資料卷

Docker 中有兩個與資料卷相關的參數：

```
$ docker run --help
...
-v, --volume list              Bind mount a volume (default [])
      --volume-driver string   Optional volume driver for the container
      --volumes-from list      Mount volumes from the specified
container(s) (default [])
```

我們先看參數「-v」，透過該參數可以給容器建立資料卷，它有三個變數：

- host-dir：表示 Host 上的目錄，如果不存在，Docker 會自動在 Host 上建立該目錄。

- container-dir：表示容器內部對應的目錄，如果該目錄不存在，Docker 也會在容器內部建立該目錄。

- rw | ro：用於控制資料卷的讀寫權限。

▶ 1. 建立資料卷

我們可以不指定 host-dir，從而在容器內部建立一個資料卷：

```
$ docker run -it -v /volume1 --name test1 ubuntu /bin/bash
root@5cb86de3eee4:/# df -lh
Filesystem      Size  Used Avail Use% Mounted on
overlay         9.7G  6.3G  3.4G  66% /
tmpfs           848M     0  848M   0% /dev
tmpfs           848M     0  848M   0% /sys/fs/cgroup
/dev/sda1       9.7G  6.3G  3.4G  66% /volume1
shm              64M     0   64M   0% /dev/shm
tmpfs           848M     0  848M   0% /sys/firmware

root@5cb86de3eee4:/# ls /volume1/
root@5cb86de3eee4:/# echo  "volume1"> /volume1/test.txt
root@5cb86de3eee4:/# ls /volume1/
test.txt
```

在容器中執行 df 指令可以看到 Host 的根分區被掛載到了容器的 /volume1。實際上，Docker 會在 Host 的 /var/lib/docker/volumes/ 目錄生成一個隨機的目錄，然後掛載容器的 /volume1。

```
$ docker inspect test1
[{
...
  "Mounts": [{
    "Type": "volume",
    "Name": "3b73b667a005e92f3a47f7a64b6b1e62f685597b5a63ea0200ae312a3bd
8b733",
    "Source": "/var/lib/docker/volumes/3b73b667a005e92f3a47f7a64b6b1e62f68
5597b5a63ea0200ae312a3bd8b733/_data",
    "Destination": "/volume1",
    "Driver": "local",
    "Mode": "",
```

```
        "RW": true,
        "Propagation": ""
      }],
}]
$ sudo ls /var/lib/docker/volumes/3b73b667a005e92f3a47f7a64b6b1e62f685597b
5a63ea0200ae312a3bd8b733/_data
test.txt
$ sudo cat /var/lib/docker/volumes/3b73b667a005e92f3a47f7a64b6b1e62f685597
b5a63ea0200ae312a3bd8b733/_data/test.txt
volume1
```

對於這種方式建立的資料卷，當容器被刪除後，如果沒有其他容器引用該資料卷，對應的 Host 目錄也會被刪除。所以，如果不想 Host 的目錄被刪除，必須指定 Host 的目錄。

▶ 2. 掛載 Host 的目錄作為資料卷

除了建立資料卷外，我們還可以掛載 Host 的目錄到容器，作為容器的資料卷：

```
$ docker run -it --rm -v /data/volume1:/volume1 ubuntu:16.04 /bin/bash
root@97556a0d5b21:/# df -lh
Filesystem      Size  Used Avail Use% Mounted on
overlay         9.7G  6.5G  3.2G  68% /
tmpfs           848M     0  848M   0% /dev
tmpfs           848M     0  848M   0% /sys/fs/cgroup
/dev/sda1       9.7G  6.5G  3.2G  68% /volume1
shm              64M     0   64M   0% /dev/shm
tmpfs           848M     0  848M   0% /sys/firmware
root@97556a0d5b21:/# ls /volume1/
root@97556a0d5b21:/# echo "hello"> /volume1/hello.txt
root@97556a0d5b21:/# exit
exit
$ sudo ls /data/volume1/
hello.txt
```

```
$ sudo cat /data/volume1/hello.txt
hello
```

我們將 Host 上的 /data/volume1 掛載容器中的 /volume1。透過這種方式我們可以在 Host 與容器之間進行資料交換。例如，容器內的應用程式可以將日誌、重要資料寫到 /volume1 上，這樣，即使容器被刪除，資料仍然會保留在 Host 上。實際上，Docker 內部是透過 mount --bind 來實現的。

Host 目錄必須是絕對路徑，如果該目錄不存在，Docker 會自動建立該目錄。

在預設情況下，容器對掛載的資料具有讀寫權限。我們也可以掛載為唯讀權限：

```
$ docker run -it --rm -v /data/volume1:/volume1:ro ubuntu:16.04 /bin/bash
root@762ec88b090b:/# df -lh
ilesystem       Size  Used Avail Use% Mounted on
overlay         9.7G  6.5G  3.2G  68% /
tmpfs           848M     0  848M   0% /dev
tmpfs           848M     0  848M   0% /sys/fs/cgroup
/dev/sda1       9.7G  6.5G  3.2G  68% /volume1
shm              64M     0   64M   0% /dev/shm
tmpfs           848M     0  848M   0% /sys/firmware
root@762ec88b090b:/# touch /volume1/hello.txt
touch: cannot touch '/volume1/hello.txt': Read-only file system
root@762ec88b090b:/#
```

可以看到，當我們以唯讀權限掛載時，容器對目錄寫入會失敗。

▶ 3. 掛載 Host 的檔案作為資料卷

我們除了可以掛載 Host 的目錄作為容器的資料卷外，還可以掛載 Host 的檔案作為容器的資料卷。例如：

```
$ docker run --rm -it -v ~/.bash_history:/root/.bash_history ubuntu /bin/bash
```

這樣就能在容器中查看 Host 的 bash 的歷史命令了，在我們退出容器後，在 Host 中也能看到容器執行的命令歷史。

這種掛載 Host 的檔案方式主要用於在 Host 與容器之間共用設定檔。一般來說，應用程式不會變，而設定檔可能會經常變，如果對每個設定檔都做一個映像檔，會造成映像檔版本過多、管理不便，而且不夠靈活。實際上，我們可以將設定檔放在 Host 上面，然後掛載到容器，這樣，我們就可以隨時更改 Host 檔，容器內部看到的內部也會隨之改變，這種方式會更加簡單靈活。來看個實際例子吧。

在一般情況下，我們執行一個容器，容器內部看到的時區可能會與 Host 不一致：

```
$ date +%z
+0800
$ docker run -it --rm ubuntu:16.04 /bin/bash
root@e659855775b5:/# date +%z
+0000
```

我們可以將 Host 的 /etc/localtime 掛載到容器內部：

```
$ docker run -it --rm -v /etc/localtime:/etc/localtime ubuntu:16.04 /bin/
bash
root@77c80ec1f9e2:/# date +%z
+0800
```

可以看到，容器內部看到的時區與 Host 已經一致了。

> **注意！**
>
> 很多編輯工具，包括 vi 和 sed --in-place 可能會造成檔案的 inode 改變。從 Docker 1.1.0 開始，這會產生錯誤「sed: cannot rename ./sedKdJ9Dy: Device or resource busy」。在這種情況下，如果想編輯檔案，最好掛載檔案的父目錄。

8.2.3 數據卷容器

在前面的內容中,我們提到 Docker 有兩個與資料卷相關的參數,本節我們來討論另外一個參數「--volumes-from」,該參數主要用於資料卷容器(Data Volume container)的情境。

▶ 1. 建立和掛載資料卷容器

很多時候,我們會將一些相關的容器部署在同一個 Host 上,並且希望這些容器之間可以共用資料。這時,我們可以建立一個命名的資料卷容器,然後供其他容器掛載。例如,我們建立一個 dbdata 的容器,它包含一個 /dbdata 的資料卷:

```
$ docker run -d -v /dbdata --name dbdata training/postgres echo "Data-only
container for postgres"
```

然後我們就可以透過 --volumes-from 在其他容器掛載 /dbdata 資料卷。

我們建立容器 db1:

```
$ docker run -d --volumes-from dbdata --name db1 training/postgres
```

我們還可以再建立容器掛載該資料卷:

```
$ docker run -d --volumes-from dbdata --name db2 training/postgres
```

這樣,db1 和 db2 也能看到容器 dbdata 所擁有的資料卷(/dbdata)的內容。

我們可以同時使用多個 --volumes-from 參數,從多個容器掛載多個資料卷。我們還可以從其他已經掛載容器卷的容器(如 db1)掛載資料卷:

```
$ docker run -d --name db3 --volumes-from db1 training/postgres
```

如果我們刪除掛載了資料卷的容器（包括初始的 dbdata 容器和其他的容器 db1、db2），資料卷並不會被刪除。如果想刪除該資料卷，必須在刪除最後一個引用該資料卷的容器時，調用 -v 多數，將容器連同與其相關的資料卷一起刪除，像是 docker rm -v db3。

▶ 2. 資料卷容器的應用

Docker 的應用哲學是一個容器一個程式，當然，我們也可以在一個容器中執行多個程式（推薦使用 supervisor），但這並不是 Docker 推薦的。

而實際上，很多應用程式通常會透過系統的 syslog 記錄日誌。我們可以將應用程式和 rsyslog 同時安裝到映像檔中，然後在同一個容器中同時執行應用程式和 rsyslog。如果你只需要一個容器，這樣做可能沒有太大問題，如果你需要多個容器，每個容器都跑一個 rsyslog，難免造成資源的浪費。更好的方式是，我們建立一個容器專門執行 rsyslog 收集日誌，其他應用程式將日誌發送到該日誌容器。這樣，我們不僅可以更好地集中管理日誌，也避免了資源的浪費。

❶ 建置 rsyslog 映像檔

我們先建立一個只執行 rsyslog 的映像檔，Dockerfile 如下：

```
# for rsyslog
FROM centos6
MAINTAINER hustcat
RUN yum -y install rsyslog && yum clean all

CMD rsyslogd -n
VOLUME /dev
VOLUME /var/log
```

執行以下命令生成映像檔：

```
$ docker build -t hustcat/rsyslog .
```

❷ 執行 rsyslog 容器

啟動 rsyslog 容器：

```
$ docker run --name rsyslog -d -v /tmp/syslogdev:/devhustcat/rsyslog
```

成功啟動後，我們在 Host 上可以看到 /tmp/syslogdev/log 的 Unix socket 檔：

```
# ls /tmp/syslogdev/log -lh
srw-rw-rw- 1 root root 0 Sep 19 14:24 /tmp/syslogdev/log
```

❸ 在其他容器寫 log 到日誌容器

接下來，我們就可以在另一個容器寫 log 了：

```
$ docker run --rm -v /tmp/syslogdev/log:/dev/log centos6 logger -p info
"hello rsyslog"
```

我們還可以在日誌容器中做更多的事情，如將日誌發到遠端服務集中儲存管理。總之，透過這種方式管理容器日誌更加方便靈活。目前，業界已經有一些專門處理容器日誌的工具，如 loggly（http://bit.ly/2sHteHW）。

8.2.4　備份、恢復和遷移資料卷

我們使用資料卷共用資料，難免面臨資料的備份、恢復和遷移的問題。

▶ 1. 備份資料卷

我們可以透過參數「--volumes-from」從資料卷掛載資料卷，然後備份資料卷中的資料，例如：

```
$ docker run --volumes-from dbdata -v $(pwd):/backup ubuntu tar cvf /
backup/backup.tar /dbdata
```

這裡我們建立一個新的容器，將 Host 本地目錄掛載到 /backup，然後將資料卷容器 dbdata 的資料卷 /dbdata 封裝到 /backup/backup.tar。然後在 Host 目前的目錄下就可以得到 backup.tar。

▶ 2. 恢復資料卷

我們可以將備份的資料恢復到原有容器或者其他任何容器。假設我們想把 backup.tar 的資料恢復到一個新的容器 dbdata2：

```
$ docker run -v /dbdata --name dbdata2 ubuntu /bin/bash
```

然後執行下面的命令即可：

```
$ docker run --volumes-from dbdata2 -v $(pwd):/backup busybox tar xvf /
backup/backup.tar
```

8.3　Docker 儲存驅動

Docker 儲存驅動（storage driver）是 Docker 的核心元件，它是 Docker 實現分層映像檔的基礎，本節將介紹一下 Docker storage driver 的歷史及一些最新的進展。

8.3.1　Docker 儲存驅動歷史

Docker 目前支援很多 graph driver，最開始是使用 AUFS，但 AUFS 一直沒有進入 Linux 核心主線，且 RHEL/Fedora 等發行版本並不支援 AUFS。所以，Redhat 的 Alexander Larsson 實現了 device-mapper 的 driver，現在 dm driver 由 Vincent Batts 在維護。Alexander 當時選擇了 device-mapper，主要是由於 btrfs 不成熟，overlayfs 也沒有進入 Linux 核心主線，所以，它選擇了 device-mapper 作為 RHEL/Fedora 下的解決方案。

▶ 1. device mapper

在相當長一段時間內，DM（device mapper）幾乎成為生產環境使用 Docker 的唯一選擇，但在實際中，經常會遇到很多問題。例如，你一定經常遇到下面的問題：

```
Driver devicemapper failed to remove root filesystem ... : Device is Busy
```

另外，想讓 DM 工作穩定，需要 udev 的支援，而 udev 沒有靜態程式庫。最後，Docker 希望透過容器之間共用 page cache，試想，如果一台機器上有幾百個容器，如果每個容器都打開一份 glibc，這會浪費許多記憶體。由於 DM 工作在塊層（block layer），很難實現 page cache 的共用。

另外，在預設情況下，Docker 基於檔案 ＋ loop 設備建置 DM 塊設備，會導致 IO 路徑過於冗長，效能和穩定性都是一個很大的問題。

因此，很多人都不建議在生產環境中使用 DM。個人在使用 DM 的過程中也遇到一些問題，包括導致 Linux 核心 crash 的問題、效能問題等。

▶ 2. Btrfs

再後來社群推出了 Btrfs driver。但 Btrfs 在穩定性、效能上都存在一些問題。

▶ 3. OverlayFS

在核心 3.18 中，OverlayFS 終於正式進入主線。相比 AUFS，OverlayFS 設計簡單，程式碼也很少，而且可以實現 page cache 共用。這似乎是一個非常好的選擇。於是，在這之後，Docker 社群開始轉向將 OverlayFS 作為第一選擇。

8.3.2 Docker OverlayFS driver

▶ 1. 介紹

Docker 使用 OverlayFS 的 lowerdir 指向映像檔層（image layer），使用 upperdir 指向容器層（container layer），merged 將 lowerdir 與 upperdir 整合起來提供統一視圖給容器，作為 rootfs（根檔案系統）。內容如下：

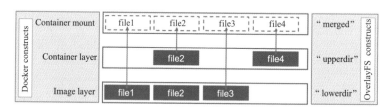

lowerdir 與 upperdir 可以包含相同的檔案，upperdir 會隱藏 lowerdir 的檔案。

❶ 讀取檔案

在容器內讀取檔案時，如果 upperdir（容器層）存在，就從容器層讀取；如果不存在，就從 lowerdir（映像檔層）讀取。

❷ 寫入檔案

在容器內寫入檔案時，如果 upperdir 不存在，overlay 則會發起 copy_up 操作，從 lowerdir 複製檔案到 upperdir。由於複製發生在檔案系統層面，而不是 block layer，會複製整個檔案，即使只修改檔案很小一部分，如果檔案很大，也會導致效率低下。但好在複製只會在第一次打開時發生。另外，由於 overlay 只有 2 層，所以效能影響也很小。

❸ 刪除檔案和目錄

刪除容器內檔案時，upperdir 會建立一個 whiteout 檔案，它會隱藏 lowerdir 的檔案（不會刪除）。同樣，刪除目錄時，upperdir 會建立一個 opaque directory，隱藏 lowerdir 的目錄。

▶ 2.overlayfs driver 實踐

以 Docker 1.9.1 為例，指定 overlay driver 啟動：

```
# dockerd --storage-driver=overlay
$ docker info
Containers: 0
Images: 0
Server Version: 1.9.1
Storage Driver: overlay
Backing Filesystem: extfs
...
```

下載一個映像檔：

```
$ docker pull centos:centos6
$ docker images -a
REPOSITORY        TAG          IMAGE ID        CREATED          VIRTUAL SIZE
centos            centos6      1a895dd3954a    11 weeks ago     190.6 MB
<none>            <none>       366219586e86    11 weeks ago     190.6 MB
<none>            <none>       501f51238f9e    11 weeks ago     190.6 MB
<none>            <none>       ebdbe10e9b33    11 weeks ago     190.6 MB
<none>            <none>       fa5be2806d4c    3 months ago     0 B
```

可以看到 centos:centos6 有五個 layer，我們查看對應的儲存目錄：

```
# ls /var/lib/docker/overlay/
1a895dd3954aede5ea9e6bc23d23e8b1f6040df94647d83e71f96d60131d3235   ebdbe10e
9b3379125ce3c105cb711f80afdc22a5adac56f0045bc2c19f08887c
366219586e86f21918abb0571e668eb702b506d825702856539515ba2ac4be52   fa5be280
6d4c9aa0f75001687087876e47bb45dc8afb61f0c0e46315500ee144
501f51238f9ef52bcb6aecb6e2c1c04b3f8607c855d9b2cf7da780946ce02ec2


# ls /var/lib/docker/overlay/1a895dd3954aede5ea9e6bc23d23e8b1f6040df94647d
83e71f96d60131d3235/root/
bin  dev  etc  home  lib  lib64  lost+found  media  mnt  opt  proc  root
sbin  selinux  srv  sys  tmp  usr  var
```

可以看到，每個 layer 對應一個目錄。

我們建立一個容器，然後查看容器儲存目錄：

```
$ docker run -it centos:centos6 /bin/bash
[root@b90c75273b11 /]#


# ls /var/lib/docker/overlay/b90c75273b116a4dac754f425380012bbdf90d098cdbc
829de3691f857137435
lower-id  merged  upper  work


# cat /var/lib/docker/overlay/b90c75273b116a4dac754f425380012bbdf90d098cdb
c829de3691f857137435/lower-id
1a895dd3954aede5ea9e6bc23d23e8b1f6040df94647d83e71f96d60131d3235


# cat /proc/mounts
overlay /var/lib/docker/overlay/b90c75273b116a4dac754f425380012bbdf90d0
98cdbc829de3691f857137435/merged overlay rw,relatime,lowerdir=/var/lib/
docker/overlay/1a895dd3954aede5ea9e6bc23d23e8b1f6040df94647d83e71f96d6013
1d3235/root,upperdir=/var/lib/docker/overlay/b90c75273b116a4dac754f4253800
12bbdf90d098cdbc829de3691f857137435/upper,workdir=/var/lib/docker/overlay/
b90c75273b116a4dac754f425380012bbdf90d098cdbc829de3691f857137435/work 0 0
```

可以看到，容器對應的目錄有三個（merged、upper、work），work 目錄用於 overlayfs 實現 copy_up 操作，lower-id 保存 image ID。

❶ 建立檔案

在容器建立一個檔案：

```
# echo "hello" > /root/f1.txt
# ls /root/
anaconda-ks.cfg  f1.txt  install.log  install.log.syslog
```

overlay 目錄變化：

```
# ls /var/lib/docker/overlay/b90c75273b116a4dac754f425380012bbdf90d098cdbc
829de3691f857137435/merged/root/
anaconda-ks.cfg  f1.txt  install.log  install.log.syslog
# ls /var/lib/docker/overlay/b90c75273b116a4dac754f425380012bbdf90d098cdbc
829de3691f857137435/upper/root/
f1.txt
# ls /var/lib/docker/overlay/1a895dd3954aede5ea9e6bc23d23e8b1f6040df94647d
83e71f96d60131d3235/root/root/
anaconda-ks.cfg  install.log  install.log.syslog
```

可以看到檔案出現在 upper 目錄。

❷ 刪除檔案

在容器刪除一個檔案：

```
root@b90c75273b11:/# rm /root/install.log
root@b90c75273b11:/# ls /root/
anaconda-ks.cfg  f1.txt  install.log.syslog

# ls /var/lib/docker/overlay/b90c75273b116a4dac754f425380012bbdf90d098cdbc
829de3691f857137435/merged/root/
anaconda-ks.cfg  f1.txt  install.log.syslog
```

```
# ls /var/lib/docker/overlay/b90c75273b116a4dac754f425380012bbdf90d098cdbc
829de3691f857137435/upper/root/* -l
-rw-r--r-- 1 root root     6 12 月 31 17:55 /var/lib/docker/overlay/b90c7527
3b116a4dac754f425380012bbdf90d098cdbc829de3691f857137435/upper/root/f1.txt
c--------- 1 root root 0, 0 12 月 31 18:01 /var/lib/docker/overlay/b90c7
5273b116a4dac754f425380012bbdf90d098cdbc829de3691f857137435/upper/root/
install.log

# ls /var/lib/docker/overlay/1a895dd3954aede5ea9e6bc23d23e8b1f6040df94647d
83e71f96d60131d3235/root/root/
anaconda-ks.cfg  install.log  install.log.syslog
```

可以看到 upper 目錄多了一個「install.log」檔案。

8.4 本章小結

資料卷是 Docker 應用中的重要的一環。透過資料卷，我們可以靈活地管理應用程式的資料，也可以透過資料卷在容器與容器、容器與 Host 之間共用資料。理解資料卷可以讓我們更好地使用 Docker，讓 Docker 為應用程式服務。

## CHAPTER 9

Docker
專案日常維護

從第 4 章到第 8 章，我們陸續介紹了 Docker 的三大元件（容器、映像檔和倉庫）、網路和資料儲存的基礎知識。這一章，我們將介紹如何利用上述的基礎知識，來維護 Docker 專案整個生命週期。

前面我們基於 Ubuntu 系統建置 Docker 執行環境。從本章開始，我們再次切換環境到 REHL/CentOS 系統下，討論在生產環境下如何運用 Docker。這邊以 CentOS 7 作為示例。

9.1 主機的管理

9.1.1 安裝 Docker 並啟動

安裝：

```
$ sudo yum install -y yum-utils
$ sudo yum-config-manager \
  --add-repo \
  https://download.docker.com/linux/centos/docker-ce.repo
$ sudo yum makecache fast
$ sudo yum install docker-ce
```

啟動：

```
$ sudo systemctl stop docker.service
```

讓 Docker 每次開機時，自動啟動：

```
$ sudo systemctl enable docker.service
```

檢查 Docker daemon（Docker 守護行程）是否啟動：

```
$ sudo systemctl is-active docker.service
```

把 Docker 的資料目錄轉移到分割區較大的磁碟上。

```
$ sudo systemctl stop docker.service
$ sudo mkdir /data/dockerData/
$ sudo mv /var/lib/docker /data/dockerData/
$ sudo ln -s /data/dockerData/docker /var/lib/docker
$ sudo systemctl start docker.service
```

注意！

啟動 Docker 時，會自動分配 172.17.0.1。

升級 Docker 到最新版本（如 docker-17.03.1-ce）：

```
$ sudo systemctl stop docker.service
$ sudo yum makecache fast
$ sudo yum install docker-ce
$ sudo systemctl start docker.service
```

Docker 在 1.11 之前，監聽內網的設定檔位在 /etc/sysconfig/docker，內容如下：

```
#!/bin/bash
NUM=$(ifconfig |grep 'inet addr'|awk -F':' '{print $2}'|awk '{print $1}'|grep
-v '127.0.0.1' |grep -v '172.17.42.1' |egrep '^10|^172'|wc -l)
if [ $NUM -eq 1 ];then
    HOSTIP=$(ifconfig |grep 'inet addr'|awk -F':' '{print $2}'|awk '{print
$1}'|grep -v '127.0.0.1' |grep -v '172.17.42.1' |egrep '^10|^172')
else
i   HOSTIP="127.0.0.1"
fi
other_args="-H tcp://${HOSTIP}:2375 -H unix:///var/run/docker.sock
--insecure-registry 10.100.10.2:5000  -dns 10.100.10.3"
```

其中，「--insecure-registry」指定內部 Docker 倉庫的 IP 和埠，「-dns」指定內部 DNS 伺服器的位址。

/etc/sysctl.conf 中加入如下一行內容：

```
net.ipv4.ip_forward = 1
```

使設定生效：

```
$ sysctl -p
```

若是 1.11（含）之後的版本，預設是沒有設定檔，若要客製化設定，則必須自己建立檔案 /etc/systemd/system/docker.service.d/docker.conf。詳細設定說明可以參照 https://docs.docker.com/engine/reference/commandline/dockerd/#daemon-configuration-file

9.1.2 橋接器模式

預設網路設定的是 NAT 模式，如果要設定橋接器模式，需要增加以下三步。

▶ 1. 主機配橋接器

備份原來的網卡設定：

```
$ sudo cp /etc/sysconfig/network-scripts/ifcfg-eth1 /root
```

修改 /etc/sysconfig/network-scripts/ifcfg-eth1：

```
DEVICE='eth1'
HWADDR=00:15:17:d8:cc:c6
ONBOOT=yes
BRIDGE=br1
```

修改 /etc/sysconfig/network-scripts/ifcfg-br1：

```
DEVICE='br1'
TYPE=Bridge
BOOTPROTO=static
ONBOOT=yes
IPADDR='10.100.10.xx'
NETMASK='255.255.255.192'
GATEWAY='10.100.10.129'
```

其中 IPADDR、NETMASK、GATEWAY 是主機的 IP、子網路遮罩和閘道，根據實際情況進行設定。

然後重啟網卡使設定生效。

```
$ sudo /etc/init.d/network restart
```

▶ 2. 安裝 pipework 腳本

pipework 用於給容器指定 IP。

```
$ sudo wget -O /usr/bin/pipework https://github.com/jpetazzo/pipework/
blob/master/pipework
$ sudo chmod +x /usr/bin/pipework
```

▶ 3. 更新 iproute

```
$ sudo yum install iproute
```

9.2 GitLab 的日常維護

前面我們已經介紹過 GitLab 專案有三個容器，透過 Docker Compose 元件對這三個容器的啟動順序進行管理。但這還遠遠不夠，下面我們針對 GitLab 這個例子，講一下 Docker 專案維護所需要的常用操作和注意事項。

9.2.1 專案的建立

我們原來已經建立過 GitLab 專案，設定檔在 ~/gitlab/docker-compose.yml 下，先把容器停止並刪除：

```
$ docker-compose -f ~/gitlab/docker-compose.yml down
```

接著備份舊的 docker-compose.yml 檔案。下載最新的 docker-compose.yml 檔案：

```
$ cd ~/gitlab
$ mv docker-compose.yml docker-compose.yml_v1.0
$ wget -O docker-compose.yml \ https://raw.githubusercontent.com/
sameersbn/docker-gitlab/master/docker-compose.yml
```

然後，透過 docker-compose up 就可以建立並啟動容器組了。

下面看看最新的 docker-compose.yml 檔案的內容：

審註

這邊最新版的 Gitlab 是指 8.4.4-1，截至 2017 年 4 月已經到了 9.1.0-1，詳細設定已經不太
一樣了。下面 8.4.4-1 的 docker-compose.yml 是使用第一版的模板，9.1.0-1 則已經是使用
第二版的格式。為了保持原作說明，以及簡化概念講解，這邊仍以第一版模板作為示例。

```
postgresql:
  restart: always
  image: sameersbn/postgresql:9.4-13
  environment:
    - DB_USER=gitlab
    - DB_PASS=password
    - DB_NAME=gitlabhq_production
  volumes:
    - /srv/docker/gitlab/postgresql:/var/lib/postgresql
gitlab:
  restart: always
  image: sameersbn/gitlab:8.4.4-1
  links:
    - redis:redisio
    - postgresql:postgresql
  ports:
    - "10080:80"
    - "10022:22"
  environment:
    - DEBUG=false
    - TZ=Asia/Kolkata
    - GITLAB_TIMEZONE=Kolkata

    - GITLAB_SECRETS_DB_KEY_BASE=long-and-random-alphanumeric-string

    - GITLAB_HOST=localhost
    - GITLAB_PORT=10080
    - GITLAB_SSH_PORT=10022
```

```
        - GITLAB_RELATIVE_URL_ROOT=

        - GITLAB_NOTIFY_ON_BROKEN_BUILDS=true
        - GITLAB_NOTIFY_PUSHER=false

        - GITLAB_EMAIL=notifications@example.com
        - GITLAB_EMAIL_REPLY_TO=noreply@example.com
        - GITLAB_INCOMING_EMAIL_ADDRESS=reply@example.com

        - GITLAB_BACKUP_SCHEDULE=daily
        - GITLAB_BACKUP_TIME=01:00

        - SMTP_ENABLED=false
        - SMTP_DOMAIN=www.example.com
        - SMTP_HOST=smtp.gmail.com
        - SMTP_PORT=587
        - SMTP_USER=mailer@example.com
        - SMTP_PASS=password
        - SMTP_STARTTLS=true
        - SMTP_AUTHENTICATION=login

        - IMAP_ENABLED=false
        - IMAP_HOST=imap.gmail.com
        - IMAP_PORT=993
        - IMAP_USER=mailer@example.com
        - IMAP_PASS=password
        - IMAP_SSL=true
        - IMAP_STARTTLS=false
    volumes:
        - /srv/docker/gitlab/gitlab:/home/git/data
redis:
    restart: always
    image: sameersbn/redis:latest
    volumes:
        - /srv/docker/gitlab/redis:/var/lib/redis
```

和原來的 docker-compose.yml 檔案相比，新增了以下三點：

- 該設定檔容器書寫的順序是 postgresql、gitlab 和 redis，我們知道 gitlab 依賴 postgresql 和 redis，postgresql 和 redis 啟動優先順序高於 gitlab，所以，設定檔的書寫順序和容器實際啟動的順序沒有關係，Docker Compose 透過「links」等帶有邏輯關係的選項（第二版後是透過 depends_on）確定容器啟動的優先順序。

- restart：always 容器如果異常退出後會自動重啟，這主要應用於生產環境，保證不間斷提供服務。

- 這個設定檔最大的改動是使用「volumes」選項，透過該選項，我們把重要的檔案的儲存位置從容器內轉移到容器外部的主機上。這樣，從容器的角度來看，它就像一個系統磁碟分割使用掛載的方式掛載到容器的檔案系統上，使用上不受任何影響。對於主機來說，這個檔案就是本機檔案，可以很方便地查閱備份。使用「volumes」選項方式還有一個好處是：讓容器和重要資料分離，容器的更新或刪除，不會造成重要資料的遺失。

9.2.2 程式碼版本控制

Gitlab 伺服器端使用公私鑰方式來認證客戶端 Git 的請求。

▶ 1. 加入 ssh 金鑰

客戶端使用 ssh 的方式和 GitLab 互動，在 http://<HOST_IP>:10080/profile/keys/new 加入公開金鑰。公開金鑰製作方法：

```
$ ssh-keygen -t rsa -C "$YOUR_EMAIL"
$ cat ~/.ssh/id_rsa.pub
```

產生公開金鑰時，可以設定密碼為空。具體可參考：官方文件公開金鑰設定 http://doc.gitlab.com/ce/ssh/README.html。

但有時會出現如下問題：加入公開金鑰後，有時仍要求輸入密碼的情況。這是由於加入的公開金鑰出現了問題。

解決方法：登入到 Docker 容器中（docker exec -it gitlab bash），把 /home/git/.ssh 下的 authorized_keys 內容清空，刪除其餘檔案，然後重新加入公開金鑰。

▶ 2. 建立新倉庫

接著，建立 group，在該組下建立專案，然後在 Git Client 端設定 Git 全域設定：

```
$ git config --global user.name "YOUR_NAME"
$ git config --global user.email "YOUR_EMAIL"
```

建立倉庫並上傳到 GitLab：

```
$ GIT_HOST=xxx.xxx.xxx.xxx
$ GIT_PROJECT=docker-book
$ mkdir $GIT_PROJECT
$ cd $GIT_PROJECT
$ git init
$ touch README.md
$ git add README.md
$ git commit -m "first commit"
$ git remote add  origin ssh://git@${GIT_HOST}:10022/mydocker/${GIT_
PROJECT}.git
$ git push -u origin master
```

如果 Git 專案已存在，可以透過下面的方式直接 push 到 GitLab 上。

```
$ GIT_HOST=xxx.xxx.xxx.xxx
$ GIT_PROJECT=docker-book
$ cd $GIT_PROJECT
$ git remote add origin ssh://git@{GIT_HOST}:10022/mydocker/${GIT_
PROJECT}.git
$ git push -u origin master
```

如推送時出現以下錯誤，原因是 git remote 的 url 有誤：

```
$ git push -u origin master
fatal: protocol error: bad line length character: No s
```

透過 git remote -v 檢查一下 url，有誤的話，先刪「git remote rm xxx」再重建：

```
$ git remote add xxx ssh://git@IP:10022/xxx/xxxx.git
```

9.2.3 日常維護

▶ 1. 備份

執行下列命令備份：

```
$ docker run \
  --name='gitlab_backup' \
  -it \
  --rm \
  --link postgresql:postgresql \
    --link redis:redisio \
    -e 'GITLAB_PORT=10080' -e 'GITLAB_SSH_PORT=10022' \
    -v /data/gitlabServer/gitlab/data:/home/git/data \
    sameersbn/gitlab:8.4.4-1 app:rake gitlab:backup:create
```

備份的檔案保存到 /data/gitlabServer/gitlab/data/backups 目錄下。

▶ 2. 恢復

透過「BACKUP=xxx」指定恢復到哪個版本。

```
$ docker run \
  --name='gitlab_restore' \
```

```
    -it \
    --rm \
    --link postgresql:postgresql \
    --link redis:redisio \
    -e 'GITLAB_PORT=10080' -e 'GITLAB_SSH_PORT=10022' \
    -v /data/gitlabServer/gitlab/data:/home/git/data \
    sameersbn/gitlab:8.4.4-1  app:rake gitlab:backup:restore
BACKUP=1427203299
```

> **注意！**
>
> 恢復時會將當前資料庫中的所有資料表先刪掉，再導入備份 tar 檔案的裡 sql 檔，因此要小心。

若 redis、mysql 是使用環境變數帶入 gitlab 容器的，備份和恢復命令也類似，將啟動 gitlab 的命令複製過來，修改 --name，加入一個 --rm，CMD 改為 gitlab:backup:create 或 gitlab:backup:restore 即可。

> **注意！**
>
> 不同版本備份的檔案不能相互使用。

例如將 gitlab:7.9.0 下備份的檔案，在 gitlab:8.4.4-1 下使用，會發生以下錯誤：

```
GitLab version mismatch:
  Your current GitLab version (8.4.4) differs from the GitLab version in
the backup!
  Please switch to the following version and try again:
  version: 7.9.0
```

▶ 3. 升級

假如從 gitlab:7.9.0 升級到 8.4.4-1，先刪除原來的 GitLab：

```
$ docker rm -f gitlab
```

備份舊版本：

```
$ docker run --name=gitlab_backup -it --rm --link postgresql:postgresql \
    --link redis:redisio \
    -e 'GITLAB_PORT=10080' -e 'GITLAB_SSH_PORT=10022' \
    -v /data/gitlabServer/gitlab/data:/home/git/data \
    sameersbn/gitlab:7.9.0  app:rake gitlab:backup:create
```

下載並啟用新版本：

```
$ docker run --name=gitlab -d --link postgresql:postgresql \
```

```
--link redis:redisio \
-e 'GITLAB_PORT=10080' -e 'GITLAB_SSH_PORT=10022' \
-p 10022:22 -p 10080:80 \
-v /data/gitlabServer/gitlab/data:/home/git/data \
sameersbn/gitlab:8.4.4-1
```

備份新版本：

```
$ docker run --name=gitlab_backup -it --rm --link postgresql:postgresql \
  --link redis:redisio \
  -e 'GITLAB_PORT=10080' -e 'GITLAB_SSH_PORT=10022' \
  -v /data/gitlabServer/gitlab/data:/home/git/data \
  sameersbn/gitlab:8.4.4-1  app:rake gitlab:backup:create
```

▶ 4. 遷移

在機器 A 上執行備份操作後，在 /data/gitlabServer/gitlab/data/backups 目錄下生成的 1427250996_gitlab_backup.tar 在機器 B 上，機器 A 和機器 B 的 GitLab 必須保持一致。

在機器 B 上啟動 GitLab，然後把機器 A 的備份導入機器 B。方法如下：

```
$ docker run \
  --name='gitlab_restore' \
  -it \
  --rm \
  --link postgresql:postgresql \
  --link redis:redisio \
  -e 'GITLAB_PORT=10080' -e 'GITLAB_SSH_PORT=10022' \
  -v /data/gitlabServer/gitlab/data:/home/git/data \
  sameersbn/gitlab:8.4.4-1  app:rake gitlab:backup:restore \
  BACKUP=1427250996
```

9.3 本章小結

本章主要介紹了主機如何初始化 Docker 執行環境，並結合 GitLab 專案講述如何維護 Docker 專案備份、升級和遷移等常用操作。

CHAPTER | 10

Docker Swarm 容器叢集

D ocker Swarm 專案開始於 2014 年，是 Docker 公司推出的第一個容器叢集
專案。專案的核心設計是將幾台安裝 Docker 的機器組合成一個大的叢集，
該叢集提供給使用者管理叢集所有容器的操作介面與使用一台 Docker 幾乎相同。

Docker SwarmKit 專案開始於 2016 年，是 Docker 公司推出的第二個容器叢集專
案，於 Docker 1.12 版本正式發佈。雖然也叫 Swarm，但是與第一個專案完全不
同。該專案直接在 Docker Engine 上內嵌了叢集管理功能，並新增了叢集管理的
使用者介面。

兩個容器叢集專案可能實現了相同的功能，但其上層介面還是有很大的不同，
Docker 公司推薦使用者使用更適合自己的專案，如果都沒有使用過，推薦使用後
者。另外，Docker Swarm 專案並沒有被 Docker 公司列為不推薦的專案，仍然會
繼續支援新的 Docker Engine 的功能。本章重點介紹 Docker SwarmKit 專案。

10.1 SwarmKit 核心設計

SwarmKit 的架構圖如圖 10-1 所示，專案目前的核心設計包括：

* Docker Engine 內嵌 SwarmKit 提供叢集管理，除了安裝 Docker Engine 外無須安
  裝其他任何軟體。使用 Docker Engine 新增的 Docker Swarm 模式客戶端介面管
  理叢集。

- SwarmKit 所有節點對等，每個節點可選擇轉化為 Manager 或者 Worker。Manager 節點內嵌了 raft 協議（基於 etcd 的 raft 協議）實現高可用性，並儲存叢集狀態。

- 叢集針對微服務的模型進行設計，Service 表示作業，Task 表示作業的副本。一個 Service 可以包含多個 Task，每個 Task 是一個容器，同一個 Service 的所有 Task 狀態對等。

  · 聲明式的 Service 狀態定義，Service 的提交設定定義了 Task 希望維持的狀態。

  · 支援 Task 的規模擴縮（scaling）。

  · 自動容錯，一個 Worker 節點掛了，容器自動遷移到其他 Worker 節點。

  · 支援灰度升級。

- 支援跨主機的網路模型。

  · 依賴 Libnetwork 專案實現叢集網路。

  · 基於 Vxlan 協議實現 SDN。

  · 使用 Docker NAT 存取外網。

  · 基於 DNS 服務與 LVS 技術實現服務探查（service discovery）和負載均衡。

- 安全方面，每個節點使用對等的 TLS 相互通訊。

  · TLS 憑證是週期滾動的，由 Manager 節點下發。

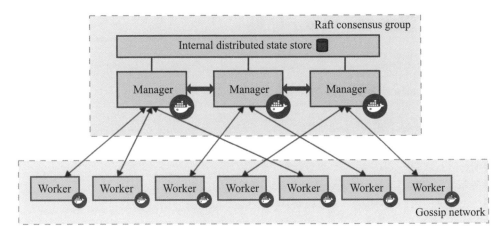

▲ 圖 10-1　SwarmKit 架構

10.2　SwarmKit 叢集建置

以 1 個 Manager 節點和 2 個 Worker 節點組成的叢集為例。首先準備 3 台機器或虛擬機器，安裝好 Docker Engine 1.12 或更高的版本並啟動。這裡使用 Docker Machine 建立的虛擬機器為例進行介紹，讀者可以根據實際情況進行調整。

使用 Docker Machine 建立三台虛擬機器，Docker Machine 會自動下載最新的 boot2docker.iso，啟動的虛擬機器已經安裝好相同版本的 Docker。

```
$ docker-machine create -d virtualbox manager1
$ docker-machine create -d virtualbox worker1
$ docker-machine create -d virtualbox worker2


$ docker-machine ls
NAME        ACTIVE    DRIVER       STATE    URL         SWARM  DOCKER  ERRORS
manager1    *         virtualbox   Running  tcp://192.168.99.101:2376
v17.03.1-ce
worker1     -         virtualbox   Running  tcp://192.168.99.102:2376
v17.03.1-ce
worker2     -         virtualbox   Running  tcp://192.168.99.103:2376
v17.03.1-ce
```

10.2.1　建立 Manager 節點

切換到 manager1 節點，執行 docker swarm init --advertise-addr <MANAGER-IP> 命令建立新的 Swarm 叢集，manager1 節點的 Docker 成為 Manager 角色：

```
## 切換到 manager1 的 Docker 環境
$ eval $(docker-machine env manager1)

$ docker swarm init --advertise-addr 192.168.99.101
Swarm initialized: current node (9p6hf9w8mnqkxzdby03si4b22) is now a
manager.

To add a worker to this swarm, run the following command:

  docker swarm join \
  --token SWMTKN-1-06fg2v27725iy8le0aj13jfaywta7b7ua8blltln77bwzoil6e-
bjvj2kyr88c8na67uz173kepc \
  192.168.99.101:2377

To add a manager to this swarm, run 'docker swarm join-token manager' and
follow the instructions.
```

--advertise-addr 參數定義 Manager 節點使用 192.168.99.101 作為自己的 IP。docker swarm init 命令的輸出非常友好，提示了使用者如何將另外一個節點加入叢集。

建立 Manager 節點後我們可以使用 docker info，docker node ls 命令查看 Manager 節點的狀態。docker info 命令新增加了 Swarm 模式下的叢集簡要設定和狀態資訊。docker node ls 命令可以查看叢集所有 Manager 和 Worker 節點的狀態。我們可以從下面的輸出看到當前叢集只有一個 Manager 節點：

```
$ docker info
...
Swarm: active
  NodeID: 9p6hf9w8mnqkxzdby03si4b22
  Is Manager: true
```

```
ClusterID: 5umhbh08rzg11szvxd7eh9nba
Managers: 1
Nodes: 3
Orchestration:
  Task History Retention Limit: 5
Raft:
  Snapshot Interval: 10000
  Heartbeat Tick: 1
  Election Tick: 3
Dispatcher:
  Heartbeat Period: 5 seconds
CA Configuration:
  Expiry Duration: 3 months
Node Address: 192.168.99.101
...


$ docker node ls
ID                          HOSTNAME   STATUS  AVAILABILITY  MANAGER STATUS
9p6hf9w8mnqkxzdby03si4b22 * manager1   Ready   Active        Leader
```

10.2.2 　建立 Worker 節點

接下來切換到 Worker1 和 Worker2 虛擬機器節點，執行 docker swarm join -token
<TOKEN> <MANAGER-IP> 建立叢集的 Worker 節點。

```
$ eval $(docker-machine env worker1)
$ docker swarm join --token SWMTKN-1-06fg2v27725iy8le0aj13jfaywta7b7ua8bll
tln77bwzoil6e-bjvj2kyr88c8na67uz173kepc 192.168.99.101:2377
This node joined a swarm as a worker.

$ eval $(docker-machine env worker2)
$ docker swarm join --token SWMTKN-1-06fg2v27725iy8le0aj13jfaywta7b7ua8bll
tln77bwzoil6e-bjvj2kyr88c8na67uz173kepc 192.168.99.101:2377
This node joined a swarm as a worker.
```

--token 參數的值是從上一步建立 Manager 節點的輸出取得的，192.168.99.101:2377
是 Manager 節點的位址。如果沒有保存上一步輸出的 token，可以切換到 Manager
節點執行 docker swarm join-token worker 取得。

同樣在 Manager 節點使用 docker node ls 列印叢集的節點狀態，可以看到現在叢集
有 1 個 Manager 節點和 2 個 Worker 節點。

```
$ eval $(docker-machine env manager1)
$ docker node ls
ID                         HOSTNAME   STATUS   AVAILABILITY   MANAGER STATUS
2p07afdsfe8tabwpz27sqlrlf  worker2    Ready    Active
9p6hf9w8mnqkxzdby03si4b22 * manager1  Ready    Active         Leader
cumt545vk2a10wagf026qiehm  worker1    Ready    Active
```

10.3　SwarmKit 基本功能

下面簡單介紹 SwarmKit 叢集 service 的基本功能。

10.3.1　service 建立與刪除

切換到 Manager 節點，使用 docker service create 命令建立 service。

```
$ docker service create --replicas 1 --name helloworld alpine ping docker.com
6kai8eak653bhuaomofkni7kt
```

--replicas 參數指定建立 1 個保持執行的 task。

我們可以使用 docker service ls 命令查看所有的 service 列表。

```
$ docker service ls
ID            NAME        MODE         REPLICAS   IMAGE
9xyq383ce4dr  helloworld  replicated   0/1        alpine:latest
```

使用 docker service ps 和 docker service inspect 命令可以查看 service 的簡略和詳細資訊。

```
$ docker service inspect --pretty helloworld
ID:              9xyq383ce4drm8g8fazy5lmap
Name:            helloworld
Service Mode:    Replicated
 Replicas:       1
Placement:
UpdateConfig:
 Parallelism:    1
 On failure:     pause
 Max failure ratio: 0
ContainerSpec:
 Image:          alpine:latest@sha256:58e1a1bb75db1b5a24a......
 Args:           ping docker.com
Resources:
Endpoint Mode:   vip

$ docker service ps helloworld
ID              NAME          IMAGE           NODE       DESIRED STATE
CURRENT STATE                ERROR   PORTS
t6npf2mp3oqs  helloworld.1  alpine:latest   manager1   Running       Running
about a minute ago
```

使用 docker service rm 命令可以刪除 service：

```
$ docker service rm helloworld
```

10.3.2 service 規模的擴增與縮減

使用 docker service scale 命令對 service 進行規模擴縮（scaling）。下面是將上一步建立的 service 規模擴增（scale-in）到 3 個 task 的程式碼範例：

```
$ docker service scale helloworld=3
helloworld scaled to 3
$ docker service ps helloworld
ID                  NAME              IMAGE           NODE       DESIRED STATE
CURRENT STATE       ERROR   PORTS
8euhnlxn0f2b        helloworld.1      alpine:latest   manager1   Running
Running 14 seconds ago
kuy1oy273x4q        helloworld.2      alpine:latest   worker1    Running
Preparing 5 seconds ago
w53vdkml7tio        helloworld.3      alpine:latest   worker2    Running
Preparing 5 seconds ago
```

10.3.3 service 灰度升級

首先使用 3.0.6 版本的 redis 映像檔建立一個 3 個 task 的 redis service。

```
$ docker service create --replicas 3 --name redis --update-delay 10s
redis:3.0.6
4tip9e8p9us14s634ncbsv6y0
```

--update-delay 參數設定 service 灰度升級的時間間隔，預設 scheduler 一次只升級一個 task，可以同時使用 --update-parallelism 參數設定併發升級的 task 數。查看 redis service 是否已經啟動。

```
$ docker service inspect --pretty redis
ID:            56vn9r2vere42ybz16uvbw3y8
Name:          redis
Service Mode:  Replicated
 Replicas:     3
Placement:
UpdateConfig:
 Parallelism:  1
```

```
 Delay:              10s
 On failure:         pause
 Max failure ratio: 0
ContainerSpec:
 Image:              redis:3.0.6@sha256:6a692a76c2081888b......
Resources:
Endpoint Mode:  vip
```

確定所有 task 已經啟動後，使用 docker service update 命令將 redis service 的所有
task 升級到 3.0.7 版本，--image 參數指定升級的版本。

```
$ docker service update --image redis:3.0.7 redis
redis
```

使用 docker service ps 命令查看 redis service 升級前後 task 的狀態變化。下面的操
作輸出中我們可以看到 redis.1 從 manager1 節點遷移到了 worker2 節點，並完成了
task 的映像檔升級。

```
$ docker service ps redis
ID              NAME          IMAGE         NODE       DESIRED STATE   CURRENT
STATE           ERROR
721wjyobwdv4   redis.1       redis:3.0.7   worker2    Running         Running 3
seconds ago
54cbfx39xttt    \_ redis.1   redis:3.0.6   manager1   Shutdown        Shutdown
about a minute ago
86rr3cnbqk7d   redis.2       redis:3.0.6   worker2    Running         Running
about a minute ago
cb9p34evyo51   redis.3       redis:3.0.6   worker1    Running         Running 3
seconds ago
```

建立 service 時使用 --publish 參數設定容器 NAT 網路的埠映射。

```
$ docker service create --name my_web --replicas 3 --publish 8080:80 nginx
1so3f1p7iphhj2ccxmvyin87l

$ docker-machine ssh manager1
Boot2Docker version 17.04.0-ce, build HEAD : c69677f - Thu Apr  6 16:26:16
UTC 2017
Docker version 17.04.0-ce, build 4845c56

docker@manager1:~$ curl http://192.168.99.101:8080
<!DOCTYPE html>
<html>
<head>
<title>Welcome to nginx!</title>
...
</html>
```

SwarmKit 也提供了 Overlay 的跨主機網路，使用 docker network create 建立 overlay 網路，操作命令與 docker Engine 相同。使用 docker network ls 查看叢集網路清單，docker network inspect 查看某個網路的詳細資訊。下面的命令建立了一個名為 my-network 的 Overlay 網路。

```
$ docker network create --driver overlay my-network
5yg4chi6b6xj8dsb0bi8zl0vw
```

建立了 Overlay 網路後，我們可以在建立 service 時使用 --network 參數設定容器加入我們建立的 Overlay 網路。

```
$ docker service create --replicas 3 --network my-network --name my-web nginx
```

預設情況下，將 service 接入 Overlay 網路時，Swarm 會給 service 分配一個 VIP，
VIP 與一個包含 service 名稱的 DNS 紀錄形成映射關係，這個 service 的所有容器
共用這筆 DNS 紀錄，Swarm 也會建立一個負載平衡（load balance）將存取 VIP 的
流量均衡到所有的 task 上。我們再啟動另一個 service 加入 my-network 網路體驗
Swarm 提供的功能變數名稱解析服務：

```
$ docker service create --name my-busybox --network my-network busybox
sleep 3000 0urwetl5jfs9cphq7ggynja2y


$ docker service ps my-busybox
ID              NAME              IMAGE          NODE        DESIRED STATE CURRENT
STATE           ERROR
0urwetl5jfs9    my-busybox.1      busybox:latest  manager1   Running      Running 13
seconds ago
```

使用 docker exec 進入容器查詢以查詢這個 DNS 紀錄。直接查詢 service 名稱的功
能變數名稱返回這個 service 的 VIP，查詢 tasks.<service name>DNS 紀錄返回所有
task 的 IP：

```
$ eval $(docker-machine env manager1)
$ docker exec -it my-busybox.1.0urwetl5jfs9cphq7ggynja2y sh


/ # nslookup my-web
Server:    127.0.0.11
Address 1: 127.0.0.11


Name:      my-web
Address 1: 10.0.0.2


/ # nslookup tasks.my-web
Server:    127.0.0.11
Address 1: 127.0.0.11
```

```
Name:          tasks.my-web
Address 1: 10.0.0.4 my-web.2.14hggmn6m8rucruo2omt8wygt.my-network
Address 2: 10.0.0.5 my-web.3.ehfb5ue134nyasq2g539uaa6g.my-network
Address 3: 10.0.0.3 my-web.1.5yzoighbalqvio4djic464a9j.my-network

/ # wget -O- my-web
Connecting to my-web (10.0.0.2:80)
<!DOCTYPE html>
<html>
<head>
<title>Welcome to nginx!</title>
...
```

10.3.5 SwarmKit 節點管理

我們使用 drain worker 以便對節點做一些維運操作，例如換機器。首先查看上一步灰度升級後的 redis service，有一個 task 在 worker2 節點上。

```
$ docker service ps redis
ID              NAME          IMAGE         NODE      DESIRED STATE   CURRENT
STATE           ERROR
721wjyobwdv4    redis.1       redis:3.0.7   worker2   Running         Running 5
minutes ago
54cbfx39xttt    \_ redis.1    redis:3.0.6   manager1  Shutdown        Shutdown
6 minutes ago
15vhgz93khpg    redis.2       redis:3.0.7   manager1  Running         Running 4
minutes ago
86rr3cnbqk7d    \_ redis.2    redis:3.0.6   worker2   Shutdown        Shutdown
5 minutes ago
a8pdozzumncw    redis.3       redis:3.0.7   manager1  Running         Running 3
minutes ago
cb9p34evyo51    \_ redis.3    redis:3.0.6   worker1   Shutdown        Shutdown
3 minutes ago
```

使用 docker node update 命令對 worker2 節點進行下線操作。--availability drain 表示 worker 節點為不可用狀態。

```
$ docker node update --availability drain worker2
worker2
```

使用 docker node inspect 命令查看 worker2 節點的可用性是否處於 drain 狀態：

```
$ docker node inspect --pretty worker2
ID:                    2p07afdsfe8tabwpz27sqlrlf
Labels:
Hostname:              worker2
Joined at:             2017-05-03 01:51:57.624950582 +0000 utc
Status:
 State:                Ready
 Availability:         Drain
 Address:              192.168.99.102
Platform:
 Operating System:     linux
 Architecture:         x86_64
Resources:
 CPUs:                 1
 Memory:               995.8 MiB
Plugins:
  Network:             bridge, host, macvlan, null, overlay
  Volume:              local
Engine Version:        17.04.0-ce
Engine Labels:
 - provider = virtualbox
```

worker2 節點變為 drain 狀態後，scheduler 會把 drain 狀態節點上的 task 遷移到其他節點。片刻後，觀察 task 的遷移狀況，可以發現之前執行在 worker2 節點的 redis.1 task 已經遷移到 worker1 節點了。

```
$ docker service ps redis
ID              NAME          IMAGE       NODE      DESIRED STATE   CURRENT
STATE                   ERROR
77digxshezgp    redis.1       redis:3.0.7 worker1   Running         Preparing
21 seconds ago
721wjyobwdv4    \_ redis.1    redis:3.0.7 worker2   Shutdown        Shutdown
21 seconds ago
54cbfx39xttt    \_ redis.1    redis:3.0.6 manager1  Shutdown        Shutdown
7 minutes ago
15vhgz93khpg    redis.2       redis:3.0.7 manager1  Running         Running 4
minutes ago
86rr3cnbqk7d    \_ redis.2    redis:3.0.6 worker2   Shutdown        Shutdown
6 minutes ago
a8pdozzumncw    redis.3       redis:3.0.7 manager1  Running         Running 4
minutes ago
cb9p34evyo51    \_ redis.3    redis:3.0.6 worker1   Shutdown        Shutdown
4 minutes ago
```

既然能將節點設定為不可用狀態,那麼我們也能將它重新設定為可用狀態,docker
node update --availability active <worker> 命令可以重新將 drain node 恢復為可用節
點。恢復完成後,使用 docker node inspect 命令可以查看到節點狀態切換為 Active
狀態。

```
$ docker node update --availability active worker2
worker2

$ docker node inspect --pretty worker2
ID:                 2p07afdsfe8tabwpz27sqlrlf
Labels:
Hostname:           worker2
Joined at:          2017-05-03 01:51:57.624950582 +0000 utc
Status:
 State:             Ready
```

```
Availability:          Active
Address:               192.168.99.102
Platform:
Operating System:      linux
Architecture:          x86_64
Resources:
CPUs:                  1
Memory:                995.8 MiB
Plugins:
  Network:             bridge, host, macvlan, null, overlay
  Volume:              local
Engine Version:        17.04.0-ce
Engine Labels:
 - provider = virtualbox
```

10.3.6　Manager 節點和 Worker 節點角色切換

Docker Swarm 模式提供了 promote/demote 命令對節點的角色進行管理,方便對 Manager 節點進行容災處理。docker node promote 命令將 Worker 節點升級為 Manager 節點。

```
$ docker node ls
ID                          HOSTNAME   STATUS  AVAILABILITY   MANAGER
STATUS
14e2n6kebft5hs8arc5njm7ti * manager1   Ready   Active         Leader
aqbfvym02d85exu7i8th9yklo   worker1    Ready   Active
bjfb223324jjle3fprhvxg7of   worker2    Ready   Active

$ docker node promote worker1
Node worker1 promoted to a manager in the swarm.

$ docker node ls
```

```
ID                                HOSTNAME   STATUS   AVAILABILITY   MANAGER
STATUS
14e2n6kebft5hs8arc5njm7ti *       manager1   Ready    Active         Leader
aqbfvym02d85exu7i8th9yklo         worker1    Ready    Active         Reachable
bjfb223324jjle3fprhvxg7of         worker2    Ready    Active
```

相反的，使用 docker node demote 命令可以將 Manager 節點降級為 Worker 節點。

```
$ docker node demote worker1
Manager worker1 demoted in the swarm.

$ docker node ls
ID                                HOSTNAME   STATUS   AVAILABILITY   MANAGER
STATUS
14e2n6kebft5hs8arc5njm7ti *       manager1   Ready    Active         Leader
aqbfvym02d85exu7i8th9yklo         worker1    Ready    Active
bjfb223324jjle3fprhvxg7of         worker2    Ready    Active
```

使用 docker swarm leave 命令可以將節點的 docker Engine 退出 swarm 狀態：

```
$ docker swarm leave
Node left the swarm.
```

10.4 SwarmKit 負載均衡原理分析

按照上一節介紹的負載均衡的內容，我們首先建立一個 Overlay 網路，再建立一個包含 3 個 task 的 service 加入這個網路。

```
$ docker network create --driver overlay my-network
$ docker service create --replicas 3 --network my-network --name my-web
nginx
$ docker service create --name my-busybox --network my-network busybox
sleep 3000
```

4 個 task 的基本資訊如表 10-1 所示。

▼ 表 10-1　4 個 task 的基本資訊

service	container	ip vip	mac	node
my-web	5cca2a34de2b	10.0.0.5 10.0.0.2	02:42:0a:00:00:05	worker1
my-web	c00fffd5faba	10.0.0.3 10.0.0.2	02:42:0a:00:00:03	worker2
my-web	e6001f9a802e	10.0.0.4 10.0.0.2	02:42:0a:00:00:04	worker2
my-busybox	8b876998b1c2	10.0.0.7 10.0.0.6	02:42:0a:00:00:07	worker2

分析網路原理最直接的方法還是使用 Linux 提供的 ip/bridge/iptables/ipvs 等網路相關的命令去查看網路的設定。分別使用這些命令在各節點的 host/overlay/container network namespace 查看一遍。

```
# ip link/address/route/neigh
# ip netns exec overlay_namespace/container_namespace
# bridge fdb
# iptables filter/nat/mangle
# ipvs
```

由結果可以發現，在原來的 Overlay 網路設定基礎上，多了下面的一些設定。

● 四個容器的 network namespace 都增加了 ipvs 設定，並且四個容器 ipvs 設定都相同。

```
root@worker1:/home/docker# ip netns exec 5cca2a34de2b ipvsadm
IP Virtual Server version 1.2.1 (size=4096)
Prot LocalAddress:Port Scheduler Flags
  -> RemoteAddress:Port           Forward Weight ActiveConn InActConn
FWM  257 rr
  -> 10.0.0.3:0                   Masq    1       0          0
  -> 10.0.0.4:0                   Masq    1       0          0
  -> 10.0.0.5:0                   Masq    1       0          0
FWM  260 rr
  -> 10.0.0.7:0                   Masq    1       0          0
```

- 容器 nat 表的 POSTROUTING 鏈增加了一條 ipvs 規則 -A POSTROUTING -d
  10.0.0.0/24 -m ipvs --ipvs -j SNAT --to-source 10.0.0.5（127.0.0.11 的 規 則 是
  Docker DNS 服務增加的規則），每個容器這條規則的 --to-source 都是容器自己
  的 IP。

```
root@worker1:/home/docker# ip netns exec 5cca2a34de2b iptables -S -t nat
-P PREROUTING ACCEPT
-P INPUT ACCEPT
-P OUTPUT ACCEPT
-P POSTROUTING ACCEPT
-N DOCKER_OUTPUT
-N DOCKER_POSTROUTING
-A OUTPUT -d 127.0.0.11/32 -j DOCKER_OUTPUT
-A POSTROUTING -d 127.0.0.11/32 -j DOCKER_POSTROUTING
-A POSTROUTING -d 10.0.0.0/24 -m ipvs --ipvs -j SNAT --to-source 10.0.0.5
-A DOCKER_OUTPUT -d 127.0.0.11/32 -p tcp -m tcp --dport 53 -j DNAT --to-
destination 127.0.0.11:38534
-A DOCKER_OUTPUT -d 127.0.0.11/32 -p udp -m udp --dport 53 -j DNAT --to-
destination 127.0.0.11:39353
-A DOCKER_POSTROUTING -s 127.0.0.11/32 -p tcp -m tcp --sport 38534 -j SNAT
--to-source :53
-A DOCKER_POSTROUTING -s 127.0.0.11/32 -p udp -m udp --sport 39353 -j SNAT
--to-source :53
```

- 容器 mangle 表 OUTPUT 鏈增加了 mark 規則，四個容器規則相同。

```
root@worker1:/home/docker# ip netns exec 5cca2a34de2b iptables -S -t
mangle
-P PREROUTING ACCEPT
-P INPUT ACCEPT
-P FORWARD ACCEPT
-P OUTPUT ACCEPT
-P POSTROUTING ACCEPT
-A OUTPUT -d 10.0.0.2/32 -j MARK --set-xmark 0x101/0xffffffff
```

```
-A OUTPUT -d 10.0.0.6/32 -j MARK --set-xmark 0x106/0xffffffff
```

- 容器 Overlay veth 網卡多了一個 secondary IP，IP 位址是各個 service 的 VIP。

```
root@worker1:/home/docker# ip netns exec 5cca2a34de2b ip ad
1: lo: <LOOPBACK,UP,LOWER_UP> mtu 65536 qdisc noqueue state UNKNOWN group
default qlen 1
  link/loopback 00:00:00:00:00:00 brd 00:00:00:00:00:00
  inet 127.0.0.1/8 scope host lo
    valid_lft forever preferred_lft forever
  inet6 ::1/128 scope host
    valid_lft forever preferred_lft forever
25: eth0@if26: <BROADCAST,MULTICAST,UP,LOWER_UP> mtu 1450 qdisc noqueue
state UP group default
  link/ether 02:42:0a:00:00:05 brd ff:ff:ff:ff:ff:ff
  inet 10.0.0.5/24 scope global eth0
    valid_lft forever preferred_lft forever
  inet 10.0.0.2/32 scope global eth0
    valid_lft forever preferred_lft forever
  inet6 fe80::42:aff:fe00:5/64 scope link
    valid_lft forever preferred_lft forever
27: eth1@if28: <BROADCAST,MULTICAST,UP,LOWER_UP> mtu 1500 qdisc noqueue
state UP group default
  link/ether 02:42:ac:12:00:03 brd ff:ff:ff:ff:ff:ff
  inet 172.18.0.3/16 scope global eth1
    valid_lft forever preferred_lft forever
  inet6 fe80::42:acff:fe12:3/64 scope link
    valid_lft forever preferred_lft forever
```

如圖 10-2 所示，從以上增加的網路設定不難看出，這裡使用了 LVS NAT 模式，在各容器的 network namespace 實現了負載均衡，存取 VIP 時封包 IP 的替換發生在發起存取的容器中。

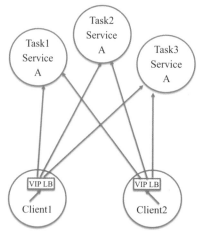

我們可以做個簡單的實驗，三個容器或者三台機器，假設被存取的兩個容器 IP 分別為 10.250.1.2，10.250.1.3，給它們分配 10.250.1.4 的 VIP，使用 LVS 做 NAT 負載均衡。在發起存取的容器中設定下面的 iptables 和 ipvs 規則之後，即可以實現透過輪詢 VIP 10.250.1.4 存取 10.250.1.2 和 10.250.1.3 兩個容器。

▲ 圖 10-2　容器負載均衡原理

```
# iptables -t mangle -A OUTPUT -d 10.250.1.4/32 -j MARK --set-mark 1
# ipvsadm -A -f 1 -s rr
# ipvsadm -a -f 1 -r 10.250.1.2:0 -m -w 1
# ipvsadm -a -f 1 -r 10.250.1.3:0 -m -w 1
```

上面的規則中 -set-mark 1 讓封包通過 OUTPUT 鏈時打上 1 的標記，ipvsadm -A -f 1 -s rr 建立了 FWMARK 的 virtual server，只要封包有 1 的標記，就會套用 ipvs 的規則，改變 dest IP。新加的 eth0 的 secondary IP 和 SNAT 規則是給容器透過 VIP 存取到自己時使用。

10.5　本章小結

本章主要介紹了 Docker Swarm 容器叢集的核心設計和基本功能，然後對負載均衡等重要功能的原理進行了分析。雖然 Docker Swarm 專案相比於 Mesos/Kubernetes 專案還比較年輕和不成熟，但是專案當前的開發反覆運算速度非常快，專案的架構和設計也有其獨特和創新之處，值得我們學習和思考。

CHAPTER | 11

Docker
外掛程式開發

使 用者可以使用第三方的外掛程式擴展 Docker Engine 的功能。截至 Docker 1.12 版本支援 authorization、network、volume 外掛程式，1.13 版還支援 graph driver 外掛程式。

目前社群已經實現了很多開源的 Docker 外掛程式，詳細的列表讀者可以參考 https://docs.docker.com/engine/extend/plugins/ 。如果這些外掛程式不能滿足讀者的需求，我們可以實現自己的 Docker 外掛程式，本章主要介紹如何開發一個 Docker 外掛程式。

11.1　Docker 外掛程式工作機制

圖 11-1 表示 Docker 外掛程式的工作流程。當使用者使用 docker volume/network 命令使用第三方外掛程式時，首先 Docker 客戶端程式向 Docker daemon（Docker 守護行程）發出 HTTP 請求，Docker daemon 收到請求後如果發現操作的物件是第三方外掛程式，便會從特定的目錄檔案中發現匹配的外掛程式行程位址，並向其發起 HTTP 請求。下面幾個小節將對這個過程進行詳細的介紹。

11.1.1　Docker 外掛程式介面

Docker 外掛程式是單獨的一個行程，不是 Docker daemon 的一個模組。外掛程式行程與 Docker daemon 執行於同一台機器或者不同的機器上，透過註冊特定的檔案到 Docker daemon 的機器上，使得 Docker daemon 發現外掛程式行程。外掛程式行程可以執行在容器中，或者容器外，目前推薦使用後者。

▲ 圖 11-1　Docker 外掛程式工作原理

11.1.2　外掛程式發現機制

Docker daemon 透過查詢外掛程式目錄發現外掛程式行程，目前支援三種檔案格式：

● .sock 檔案，Unix domain socket。

● .spec 檔，純文字檔案，檔案中指定了外掛程式行程的 URL，例如，unix:///other.sock 或者 tcp://localhost:8080。

● .json 檔，純文字檔案，檔案中包含了外掛程式的 json 描述。

使用 .sock 檔的外掛程式必須與 Docker daemon 執行在同一台機器上，使用 .spec 檔或者 .json 檔的外掛程式可以執行在另一台機器上。.sock 檔必須位於 /run/docker/plugins 目錄下，.spec 檔和 .json 檔必須位於 /etc/docker/plugins 或者 /usr/lib/docker/plugins 目錄下。

檔案名稱就是外掛程式的名稱，例如，使用 /run/docker/plugins/flocker.sock 檔案的叫 flock 外掛程式。也可以在 /run/docker/plugins 目錄下建立子目錄，把 /run/docker/plugins/flocker 目錄掛載到 flock 外掛程式的容器中，然後建立 /run/docker/plugins/flocker/flocker.sock 檔案。

Docker 首先從 /run/docker/plugins 目錄查詢 .sock 檔，如果查詢不到 .sock 檔，再從 /etc/docker/plugins 目錄和 /usr/lib/docker/plugins 查詢 .spec 和 .json 檔案。如果查詢到其中一個檔案，就停止查詢外掛程式。

11.1.3　JSON 檔案格式

JSON 檔案格式如下所示。TLSConfig 欄位是可選的，如果設定了這個欄位，才會進行 TLS 認證。

```json
{
  "Name": "plugin-example",
  "Addr": "https://example.com/docker/plugin",
  "TLSConfig": {
    "InsecureSkipVerify": false,
    "CAFile": "/usr/shared/docker/certs/example-ca.pem",
    "CertFile": "/usr/shared/docker/certs/example-cert.pem",
    "KeyFile": "/usr/shared/docker/certs/example-key.pem",
  }
}
```

11.1.4　外掛程式的生命週期

外掛程式通常應該在 Docker daemon 啟動之前啟動，在 Docker daemon 停止後停止。如果使用 systemd 管理外掛程式行程，可以使用 systemd 的 dependencies 功能管理外掛程式和 Docker 的啟動和停止順序。但是啟動順序並沒有那麼嚴格，因為 Docker daemon 並不是啟動的時候就去啟動外掛程式，而是使用按需載入的方式去啟動外掛程式，也就是說只有使用者使用外掛程式時（例如：docker run --volume-driver=foo，使用 foo volume 外掛程式），Docker daemon 才會啟動外掛程式行程。所以只需要保證外掛程式行程在使用者使用前啟動就可以。

11.1.5　利用 systemd socket activation 功能管理外掛程式

可以利用 systemd 的 socket activation 功能管理外掛程式的啟動順序，Docker 提供的外掛程式 SDK 已經支援 socket activation。使用這種方式需要編寫兩個檔案，service 檔和 socket 檔。

service 檔案如下（例如 /lib/systemd/system/your-plugin.service）：

```
[Unit]
Description=Your plugin
Before=docker.service
After=network.target your-plugin.socket
Requires=your-plugin.socket docker.service

[Service]
ExecStart=/usr/lib/docker/your-plugin

[Install]
WantedBy=multi-user.target
```

socket 檔案如下（例如 /lib/systemd/system/your-plugin.socket）：

```
[Unit]
Description=Your plugin

[Socket]
ListenStream=/run/docker/plugins/your-plugin.sock

[Install]
WantedBy=sockets.target
```

這種方式的外掛程式將在 Docker daemon 真正去連接 socket 時才啟動。

11.1.6　API 格式

外掛程式 API 使用 HTTP JSON 格式。Docker daemon 主動向外掛程式發起 HTTP 請求，外掛程式需要實現一個 HTTP server，去監聽上文的 Unix socket。所有的 HTTP 請求都是 POST 請求。API 版本透過 Accept request-header 發送，目前這個標頭被設定為「application/vnd.docker.plugins.v1+json」。

外掛程式透過 handeshake api 啟動。

```
/Plugin.Activate
request: empty body


response:
{
  "Implements": ["VolumeDriver"]
}
```

HTTP response 是這個外掛程式實現的 Docker 外掛程式類型的集合。啟動外掛程式後，Docker 會向外掛程式發起相關具體的請求。「implements」支援的值有 authz、NetworkDriver、VolumeDriver，即權限外掛程式、網路外掛程式和資料卷外掛程式。

Docker 對外掛程式介面的 HTTP 請求採取指數增長重試間隔的重試策略，最長重試間隔 30 秒。Docker 官方提供了一個外掛程式的 SDK 工具 https://github.com/docker/go-plugins-helpers，這個 SDK 定義好了各外掛程式的 API 介面和參數，讀者可以使用它快速開發外掛程式。

11.2 Docker volume 外掛程式開發

由於 Linux 核心沒有對 /proc/meminfo、/proc/stat 等檔案中的資源資料實現按容器分別統計，在 Docker 容器中使用 free、top 等命令顯示的資源使用情況依然是主機的整體情況。LXC 技術實現了 LXCFS（FUSE filesystem for LXC，https://github.com/lxc/lxcfs），利用 FUSE（Filesystem in Userspace）實現使用者空間的檔案系統。LXCFS 從容器的 cgroup 狀態檔中讀取資料來反應容器的記憶體、CPU 等資源的實際使用情況，為容器提供模擬檔案替換實際的 /proc/meminfo、/proc/stat。

下面我們藉助同樣的技術來實現容器中 /proc/meminfo 的隔離，並且將這個功能透過 Docker 提供的 volume 外掛程式機制來提供給容器使用。cgroupfs https://github.com/chenchun/cgroupfs 是作者用 Go 語言實現的類似 LXCFS 的使用者空間檔案系統。我們藉助這個 Go 語言工具套件來實現這個 volume 外掛程式。

11.2.1　cgroupfs 使用方法和工作原理

首先介紹一下 cgroupfs 的使用方法，操作流程如下面的程式碼所示。先把 cgruopfs 下載下來，並且建置：

```
$ git clone git@github.com:chenchun/cgroupfs.git
$ cd cgroupgs
$ git submodule update --init --recursive
Submodule 'vendor/bazil.org/fuse' ......
......
$ make
Sending build context to Docker daemon 24.63 MB
......
```

再建立一個容器，設定記憶體上限為 15M，保存容器 ID。切換到第二個終端機視窗，建立 /tmp/cgroupfs 目錄，並啟動 cgroupfs 行程。再切換回第一個視窗，啟動容器，在容器中查看總記憶體上限和已經使用的記憶體，可以看到記憶體上限為我們設定的 15M，已使用為容器實際使用的 2M 記憶體。

```
## In the first console tab
$ container_id='docker create -v /tmp/cgroupfs/meminfo:/proc/meminfo
-m=15m ubuntu sleep 2000'
## In the second console tab
$ mkdir /tmp/cgroupfs
$ ./cgroupfs /tmp/cgroupfs /docker/$containerid


## Go to the first tab
$ docker start $containerid


## Take a look at /tmp/cgroupfs/meminfo now
## cgroupfs file system should be able to show the memory usage of the
container
$ cat /tmp/cgroupfs/meminfo
MemTotal:        15360 kB
MemFree:         13432 kB
MemAvailable:    13432 kB
Buffers:         0 kB
Cached:          1804 kB
SwapCached:      0 kB


## Enter docker container, you should see free is showing the real usage
$ docker exec -it $containerid bash
root@251d4d18bca6:/# free -m
              total      used      free     shared    buffers     cached
Mem:             15         2        12          0          0          1
-/+ buffers/cache:          0        14
Swap:             0         0         0
```

cgroupfs 的工作原理如圖 11-2 所示。cgroupfs 利用 Linux 核心的 FUSE 功能實現了使用者空間的檔案系統。啟動 cgroupfs 行程時，第一個參數 /tmp/cgroupfs 表示 cgroupfs 使用哪個目錄作為其檔案系統的目錄，第二個參數 /docker/$containerid 表示 cgroupfs 從哪個 cgroup 中讀取 cgroup 狀態資料。

cgroupfs 行程在主機 /tmp/cgroupfs/ 目錄下建立 meminfo/stat/cpuinfo 等檔案。我們將 /tmp/cgroupfs/meminfo 掛載到容器中，讀取 meminfo 檔內容時，會調用 Linux 核心中的 vfs（Virtual file system）介面。vfs 發現這些檔案是 FUSE 檔案系統的檔案時，向 FUSE 模組發送讀取請求。之後 Linux 核心的 FUSE 模組向使用者空間的 cgroupfs 行程發送讀取請求，最後 cgroupfs 透過讀取 cgroup 的相關檔案，取得該容器的 cgroup 記憶體資訊並返回。

▲ 圖 11-2　cgroupfs 原理

以上面的方式已經可以給容器提供模擬的 /proc/meminfo 等檔案了，但是這種方式需要去管理 cgroupfs 行程的啟動和停止，能不能用更加 Docker 的方式來實現這個功能呢？答案是肯定的，我們可以實現 cgroupfs 的 Docker volume 外掛程式，將 cgroupfs 行程的啟動和停止替換為對 Docker volume 的操作。

11.2.2　docker volume 介面

Docker 提供了 docker volume 子命令對 volume 進行操作。下面的命令表示使用 local volume 外掛程式建立一個名稱是 foo 的 volume，並傳入了一個 type=brtfs 的參數。

```
$ docker volume create --driver local --opt type=btrfs --name foo
```

同樣的，還提供了 docker volume rm 命令刪除 volume，docker volume ls、docker volume inspect 命令查看 volume 清單和 volume 狀態。

介紹完 docker volume 的使用者操作介面，我們再來看看 docker volume 外掛程式的介面。volume 介面主要包含了下面 8 個 HTTP 介面。Capabilities 介面是在 Docker 1.12 版本引入的，scope 只有 global 或者 local 兩個值，表示 volume 外掛程式是否支援跨主機的 volume。Create/remove 介面在使用建立和刪除 volume 時被調用，mount/unmount 介面在使用該 volume 的容器啟動和停止時被調用。

```
/VolumeDriver.Create
Request: json { "Name": "volume_name", "Opts": {} }
Response: json { "Err": "" }


/VolumeDriver.Remove
Request: json { "Name": "volume_name" }
Response: json { "Err": "" }


/VolumeDriver.Mount
Request: json { "Name": "volume_name", "ID": "b87d7442095999a92b65b3d9691e
697b61713829cc0ffd1bb72e4ccd51aa4d6c" }
Response: json { "Mountpoint": "/path/to/directory/on/host", "Err": "" }


/VolumeDriver.Unmount
Request: json { "Name": "volume_name", "ID": "b87d7442095999a92b65b3d9691e
697b61713829cc0ffd1bb72e4ccd51aa4d6c" }
Response: json { "Err": "" }


/VolumeDriver.Get
Request: json { "Name": "volume_name" }
Response: json { "Volume": { "Name": "volume_name", "Mountpoint": "/path/
to/directory/on/host", "Status": {} }, "Err": "" }


/VolumeDriver.List
Request: json {}
Response: json { "Volumes": [ { "Name": "volume_name", "Mountpoint": "/
path/to/directory/on/host" } ], "Err": "" }


/VolumeDriver.Capabilities
Request: json {}
Response: json { "Capabilities": { "Scope": "global" } }
```

11.2.3　實現 cgroupfs-volume volume 外掛程式

按照上文的介紹，我們使用 SDK 和 cgroupfs 套件來實現 cgroupfs-volume volume 外掛程式。使用 SDK 只需要兩步：

- 定義 volume driver 實現下列程式中的 Volume.Driver 介面，透過這個 driver 建立 handler 物件。

- 選擇使用 TCP 或者 unix socket 提供服務。

```
d := MyVolumeDriver{}
h := volume.NewHandler(d)
h.ServeTCP("test_volume", ":8080")
h.ServeUnix("root", "test_volume")

type Driver interface {
  Create(Request) Response
  List(Request) Response
  Get(Request) Response
  Remove(Request) Response
  Path(Request) Response
  Mount(MountRequest) Response
  Unmount(UnmountRequest) Response
  Capabilities(Request) Response
}
```

要將 cgroupfs 的功能包裝成 volume driver 主要需要考慮它的兩個參數如何傳遞的問題。第一個參數是 cgroupfs 建立的使用者空間檔案系統存放在哪個目錄，第二個參數是從哪個 cgroup 取得資料。第一個問題比較好解決，Docker SDK 定義了 volume.DefaultDockerRootDirectory 參數，它的值是 /var/lib/docker-volumes，我們可以在這個目錄下加兩級目錄 /cgroupfs/$volume_name 以區分不同的 volume 外掛程式和不同的 volume。

第二個問題主要是 containerid 如何傳遞給 cgroupfs 外掛程式行程。Docker 給每個容器分配的 cgroup 目錄是類似 /docker/$containerid 目錄或者其他形式，不過無論哪種目錄格式，只有 $containerid 這個目錄字串在建立容器前是無法獲知的，只有建立後才能得到。而如果容器要使用 volume，那麼在建立容器前需要建立 volume。所以，容器要使用 volume，就需要先建立 volume，但是建立 volume 時又需要將 containerid 作為參數傳給 cgroupfs 模組，那麼我們如何在建立容器前得知其 containerid？

從上一節我們知道 mount 介面並不是建立容器時就調用的，而是在啟動容器時才會調用，所以可以利用這點，約定使用一個檔案，建立 volume 時告訴 volume 外掛程式使用這個檔案讀取 containerid，建立容器後將 containerid 寫入這個檔案。當啟動容器調用 volume 的 mount 介面時，cgroupfs volume 外掛程式正好可以從這個檔案中讀取到 containerid，從而調用 cgroupfs 套件建立 FUSE 的模擬檔案系統。docker create 和 docker run 命令恰好提供了 cidfile 這個參數，如果建立容器時增加 cidfile，Docker 會在建立容器後將容器的 cid 寫入參數指定的檔案中。由於使用了 cidfile 參數，我們可以將 docker create 和 docker start 合成一步，那麼按照設計，最後的操作過程會是這樣：

```
$ docker volume create -d cgroupfs_volume --name myvolume -o cidfile=/tmp/
containerid
$ docker run -d --cidfile /tmp/containerid --volume-driver=cgroupfs_volume
-v myvolume:/proc/meminfo -m=15m chenchun/hello /hello
```

做好了設計，編碼就很簡單了。定義 volumeServer struct 實現 volume.Driver 介面。這個結構體只有一個 volumes 欄位儲存建立的 volume。在 create 方法中僅記錄建立了這個 volume，在 mount 方法中調用 cgroupfs 套件建立 FUSE 檔案系統。

```go
type volumeServer struct {
  volumes map[string]*volume.Request
}
func (s *volumeServer) Create(req volume.Request) volume.Response {
  s.volumes[req.Name] = &req
  return volume.Response{}
}


func (s *volumeServer) Mount(req volume.MountRequest) volume.Response {
  resp := volume.Response{}
  if r, ok := s.volumes[req.Name]; ok {
    if err := mount(req.Name, memoryCgroupPath(r)); err != nil {
      resp.Err = err.Error()
    } else {
      resp.Mountpoint = mountPoint(req.Name)
    }
  } else {
    resp.Err = "volume does not exist"
  }
  return resp
}


func (s *volumeServer) List(req volume.Request) volume.Response {
  var volumes []*volume.Volume
  for v, _ := range s.volumes {
    volumes = append(volumes, &volume.Volume{Name: v, Mountpoint:
mountPoint(v)})
  }
  return volume.Response{Volumes: volumes}
```

注：本節的程式碼可以在 https://github.com/chenchun/cgroupfs-volume/ 下載。

11.3　本章小結

本章主要介紹了 Docker 外掛程式的工作機制和實現方法，然後透過舉例詳細講解
了如何實現一個 Docker volume 外掛程式。

PART 3

案例篇

CHAPTER | 12

Docker 離線系統應用案例

「 古巴比倫王頒佈了漢摩拉比法典，刻在黑色的玄武岩，距今已經三千七百
多年，你在櫥窗前，凝視碑文的字眼，我卻在旁靜靜欣賞你那張我深愛的
臉……」，想必大家都聽過這首周杰倫演唱的《愛在西元前》，由方文山填詞，歌
詞生動美妙、不落俗套。

作為周杰倫的御用作詞人，方文山其實只有高中學歷，但他才華橫溢，創作了不少
經典之作，有些作品甚至被收錄進了學校的課本中。那麼他是如何寫出這麼美妙的
歌詞的呢？直到看了他的訪談，筆者才瞭解到其實他的歌詞大多來源於生活中的靈
感，這首《愛在西元前》就是他在某日逛完博物館後有感而發，他從現實的情境獲
得靈感再進行文字加工，從而文思泉湧，妙筆生花。其實維運工作也亦然，需要我
們時時從工作中尋找靈感。

筆者從事維運工作將近 8 年，多年的工作經驗總結出一個道理：我們要善於從維
運工作中發現問題，並根據問題及過往經驗發明創造改進工具，接著再從發明創造
中提煉技術，最後根據技術提煉原理。

近來以 Docker 為代表的容器很熱門，很多網路公司都在使用。那麼 Docker 是如
何獲得網路公司的青睞？我們又該如何來應用 Docker ？本章將逐一介紹。

12.1　為什麼使用 Docker

首先來看一下我們在維運中發現了哪些問題。以筆者就職的騰訊公司案例為例，騰訊產品戰線很長，筆者所在的團隊負責維運騰訊的 QQ、Qzone 等核心產品，而這些產品也算是中國網際網路中骨灰級的業務了，整體架構都有著複雜的歷史背景。不僅團隊的老員工發現了架構逐漸產生的問題，團隊新到職的同事也會指出與原任職公司比較架構存在的一些問題等等。如何將很多好的技術融入我們的業務架構中，以解決產品的問題，是擺在每一個維運架構師面前的難題。架構的複雜性與歷史沉重的包袱決定著牽一髮而動全身，並且架構支援的業務為近半數的中國網際網路網民所使用，還有著不少的優缺點，在對其進行改進之前，我們主要先分析了它的優缺點。

優點：目前還是單機或單叢集對應一個業務模組的形式，彼此間沒有交集與複用，如圖 12-1 所示，其架構優勢應對爆發式增長擴容方便，成本結算簡單，架構形成的歷史原因更多的是前者流量的爆發增長。

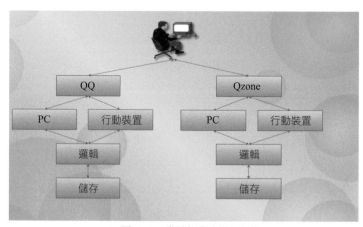

▲ 圖 12-1　常見的業務模組架構

缺點：隨著網民的飽和，相同業務模組下移動流量上漲，PC 流量直線下降，很多業務出現了低負載情況。大量伺服器的維運情境中即使只有 1% 的低負載規模也是驚人的，在實際運營中低負載以及長尾模組下的機器數量可能達到了 25% ～ 30% 甚至更高。當然，這裡不排除業務對流量做了冗餘與災備，但是多個業務模組的災備就會出現浪費資源的情況。除低負載與長尾業務外，為了應對業務的流量徒增，團隊為產品留出了足夠富裕的 Buffer 資源，而這些資源的實際利用率並不高。

> **注意！**
> - 低負載：對伺服器利用率衡量的標準，其中標準指標包括 CPU、記憶體、磁碟與網路，並經過演算法來確定某伺服器的利用率是否處於合理區間內，如果不符合標示為低負載。
> - 長尾業務：某業務線上使用，但使用者不再增長並有逐漸下降的趨勢界定為長尾業務。

分析了優缺點及運營中發現的問題後，從 2014 年年中我們就開始著手離線業務混合部署專案。專案的目標是透過高負載業務，如音訊轉檔、影片轉檔、圖片人臉辨識和圖片特徵提取業務（注：後統稱「離線業務」）與低負載、長尾業務和部門 Buffer 業務進行混合部署，來提升機器利用率並同時為部門節約機器成本。不過經過半年多的運營，我們也發現了很多問題：

問題一：在低負載與長尾業務上部署離線業務，如果離線業務浮動的 CPU 使用率中，突然出現短暫飆高的情況（特別是在晚上高峰時段）就會影響使用者的使用體驗，從而導致部分投訴產生的情況。

問題二：部署在 Buffer 池上的離線業務，由於線上業務申請機器導致機器上的離線環境沒有及時清理，繼續運營影響線上業務的正常使用。

這兩個問題是比較有代表性的問題也是我們最不希望看到的，所以總結經驗教訓後，在 2015 年上半年我們又重新打磨專案開發了新版離線系統，新專案與老專案相比透過 Docker 技術將離線業務與線上業務的低負載、長尾業務和 Buffer 池進行了部署，從而順利解決了上述的問題。這裡主要利用了 Docker 的三個優勢：

- Cgroup 對資源的隔離讓離線與線上業務彼此間對資源使用有了保障。

- 命名空間，讓相同框架多業務跑在相同物理機上成為可能。

- 容器快速回收上線下線，使用 Buffer 資源時不再為回收離線資源而頭痛。

上文中筆者提到 QQ、Qzone 的整體架構有著很複雜的歷史背景,而僅僅透過 Docker 或一兩種工具來解決現實存在的所有問題是不現實的,所以我們在保持現有架構與內部使用者習慣的基礎上另闢蹊徑逐漸解決產品運營上的一些問題,具體部署如圖 12-2 所示。

從圖 12-2 中可以看到在部門 Cmdb 基礎之上,我們建立了資料分析系統,透過它可以分析出哪些是低負載業務,哪些是時段低負載業務。在此基礎之上我們使用 Clip 名稱服務(Clip Name Service)系統重新建立了業務之間的 IP 關係,並根據重新劃定關係的 IP 進行了業務流量與資源快速的調度。其中 Etcd 為服務探查(service discovery)工具,根據 Clip 名稱服務系統傳入的資訊透過 confd 重新生成 HAproxy 的設定檔並熱重啟它,離線業務流量透過 HAproxy 的虛擬 IP 遮罩底層資源資訊,建立離線與資源的生態供應鏈,同時上層監控與調度均為 Clip 名稱服務系統。這裡讀者可能會有疑問,雖然 HAproxy 的虛擬 IP 遮罩底層資源資訊(其為動態的),但如果程式有問題,能快速到機器上去除錯自己的程式嗎?這裡我們使用的是 Clip 名稱服務。

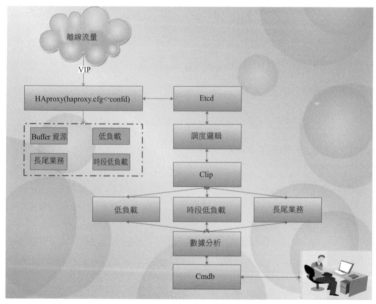

▲ 圖 12-2　離線系統業務架構具體部署

12.3 Clip 名稱服務（Clip Name Service）

Clip（http://blog.puppeter.com/read.php?7）是一個 C/S 架構的名稱服務（name service），它將傳統的 IP 管理維度替換為名稱服務，即有意義可記憶的 String。Clip 將 IP 對應的 String 關係保存在 Server 端。Client 端可以下載 SDK，透過 SDK 遍歷 Server 端的 String 對應 IP 的關係，並在本地對取得的 IP 模組關係進行重新的組織與編排。傳統伺服器 IP 方式與 String 方式相比，String 方式有三點優勢：

❶ 傳統 IP 管理方式，IP 由無意義的數字組成，比較難記憶。String 更加方便記憶。

❷ 管理大量服務時，IP 相似經常會導致運營故障，譬如 A 模組（10.131.24.37）和 B 模組（10.117.24.37），後兩組數位一致，系統慣性地認為 B 模組就是 A 模組，發送設定導致線上故障。透過 String 管理方式可以規避此問題。

❸ String 可以解析一個 IP，也可以解析一組 IP，根據 IP 也可以反解析 String 對應關係，使得管理一組服務更加方便。

Clip 中的 String 由四段（欄位含義 idc-product-modules-group）組成，讀者會發現 String 與 Cmdb 的結構很像：四級模組定位一個服務。但是為了充分利用資源，我們的業務要求一個 IP 可能要對應多個服務，不同的服務有自己的波峰與波谷，在相同的 IP 上只要保證各業務的波峰不重疊就滿足了業務的需求，也充分利用了資源。而在一台伺服器上混合部署不同的業務模組，四級模組就只能定位到服務的 IP 級別，而無法精確定位到真正的服務，所以 Clip 名稱服務在 Cmdb 的基礎上增加了 port 埠，即五段（欄位含義 idc-product-modules-group-port）定位一個服務。我們可以將動態的 IP 透過 Clip 介面註冊到指定含義的 String 上，透過 Clip 內建工具來解析即時的 String 對應 IP 關係，例如：

```
# clip cstring -q idc-product-modules-group-port
192.168.0.1
192.168.0.2
192.168.0.3
192.168.0.4
192.168.0.5
```

Clip 資料儲存結構分為兩層：

關係層保存了 String 對應 IP 或內部系統 Cmdb 的模組關係，如圖 12-3 所示。

```
+-----------+----------------+------+-----+-------------------+-----------------------------+
| Field     | Type           | Null | Key | Default           | Extra                       |
+-----------+----------------+------+-----+-------------------+-----------------------------+
| idc       | varchar(20)    | NO   | MUL | NULL              |                             |
| product   | varchar(50)    | NO   |     | NULL              |                             |
| modules   | varchar(50)    | NO   |     | NULL              |                             |
| group     | varchar(50)    | NO   |     | NULL              |                             |
| ext       | varchar(20)    | YES  |     | 0                 |                             |
| s_k       | varchar(20)    | NO   |     | NULL              |                             |
| s_v       | varchar(200)   | NO   |     | NULL              |                             |
| operator  | varchar(20)    | NO   |     | NULL              |                             |
| flag      | int(11)        | YES  |     | 1                 |                             |
| timestamp | timestamp      | NO   |     | CURRENT_TIMESTAMP | on update CURRENT_TIMESTAMP |
+-----------+----------------+------+-----+-------------------+-----------------------------+
```

▲ 圖 12-3　Clip 名稱服務關係表

關係層資料含義見表 12-1。

▼ 表 12-1　關係層資料含義

資料庫欄位	含義
idc	機房
product	產品
modules	模組
group	群組
ext	擴展欄位（埠）
s_k	String 與 IP 或內部系統模組對應關係鍵
s_v	String 與 IP 或內部系統模組對應關係值
operator	操作人
flag	欄位狀態（1 線上、2 離線、3 故障）
timestamp	建立變更時間戳記

資料層保存了 String 與 IP 的具體關係，如圖 12-4 所示。

```
+----------+-------------+------+-----+--------------------+-------------------------------+
| Field    | Type        | Null | Key | Default            | Extra                         |
+----------+-------------+------+-----+--------------------+-------------------------------+
| idc      | varchar(20) | NO   | MUL | NULL               |                               |
| product  | varchar(20) | NO   |     | NULL               |                               |
| modules  | varchar(20) | NO   |     | NULL               |                               |
| group    | varchar(20) | NO   |     | NULL               |                               |
| ext      | varchar(20) | YES  |     | 0                  |                               |
| ipaddress| varchar(15) | YES  |     | NULL               |                               |
| flag     | int(11)     | YES  |     | 1                  |                               |
| timestamp| timestamp   | NO   |     | CURRENT_TIMESTAMP  | on update CURRENT_TIMESTAMP   |
+----------+-------------+------+-----+--------------------+-------------------------------+
```

▲ 圖 12-4　Clip 名稱服務資料表

資料層資料含義見表 12-2。

▼ 表 12-2　資料層資料含義

資料庫欄位	含義
idc	機房
product	產品
modules	模組
group	群組
ext	擴展欄位（埠）
ipaddress	String 對應 IP 關係
operator	操作人
flag	欄位狀態（1 線上、2 離線、3 故障）
timestamp	建立變更時間戳記

Clip 名稱服務儲存在 String 對應 IP 關係基礎上，在 SDK 上還提供了遠端埠掃描、遠端 ssh、遠端檔複製和查詢 String 關聯式結構的工具子命令等。

12.4　Clip 名稱服務與 Docker 應用

如筆者上文所提，離線系統的建設思路就是將離線業務透過 Docker 快速地部署在資源空閒的機器上，而空閒的機器是透過資料分析系統長期分析沉澱的結果，Clip 名稱服務就是這兩種資源建立聯繫的橋梁，但只有 Clip 綁定關係還是不夠的，還需要建立綁定關係 String 對應 Docker 環境的關係，所以在 Clip 名稱服務的基礎上我們又擴充了 Docker 的資源關係表，如圖 12-5 所示。

```
+----------------+--------------------+------+-----+-------------------+-----------------------------+
| Field          | Type               | Null | Key | Default           | Extra                       |
+----------------+--------------------+------+-----+-------------------+-----------------------------+
| id             | int(10) unsigned   | NO   | PRI | NULL              | auto_increment              |
| cstring        | varchar(50)        | NO   | MUL | NULL              |                             |
| idc            | varchar(20)        | NO   |     | NULL              |                             |
| product        | varchar(20)        | NO   |     | NULL              |                             |
| modules        | varchar(20)        | NO   |     | NULL              |                             |
| group          | varchar(20)        | NO   |     | NULL              |                             |
| ext            | varchar(20)        | NO   |     | NULL              |                             |
| admin_port     | int(11)            | YES  |     | 18000             |                             |
| app_port       | varchar(50)        | YES  |     | 18000             |                             |
| mcount         | int(11)            | NO   |     | NULL              |                             |
| docker_id      | varchar(50)        | NO   |     | NULL              |                             |
| docker_version | varchar(50)        | NO   |     | NULL              |                             |
| mload          | int(11)            | NO   |     | 0                 |                             |
| status         | int(5)             | YES  |     | 0                 |                             |
| timestamp      | timestamp          | NO   |     | CURRENT_TIMESTAMP | on update CURRENT_TIMESTAMP |
+----------------+--------------------+------+-----+-------------------+-----------------------------+
```

▲ 圖 12-5　Docker 資源關係表

其中 Docker 資源使用的關係表的欄位含義見表 12-3。

▼ 表 12-3　Docker 資源使用關係表

id	自增 id
cstring	名稱服務 idc-product-modules-group-port
idc	機房
product	產品
modules	模組
group	群組
ext	擴充資訊（埠）
admin_port	ssh 管理埠
app_port	業務埠，多埠用；分割。用於業務多埠監控
mcount	某業務需要最大的核心數
Docker_id	Docker 映像檔環境 ID
Docker_version	Docker 的 tag
mload	自動縮容標識，系統計算 String 對應的 IP 負載是否在合理區間範圍內，如果不在，則自動縮容資源
status	當前 String 狀態是線上、離線還是停止

我們來看一個需求案例：某影片轉碼業務在上海需要使用資源約 1000 核心，對應的關係表見表 12-4。

表 12-4　Docker 資源使用關係表

id	自增 id
cstring	sh-buffer-qq-video-2877（名稱服務 String）
idc	sh（上海機房）
product	使用空閒資源在部門 Buffer 中
modules	qq（某業務）
group	Video 組
ext	業務埠
admin_port	22（ssh 管理埠）
app_port	2877;80（業務暴露的埠）
mcount	1000
Docker_id	dockerimages.docker.com:5000/images/imagesName
Docker_version	latest
mload	1 ～ 7（以天為單位，累計 +1，當業務連續 7 低負載時，將 mcount 核量降低 20%）
status	1（線上）

由於 Buffer 資源不時在變動，我們需監控 String（sh-buffer-qq-video-2877）整體核數是否低於 mcount 值，如果低於，則觸發自動擴增（scale-in）策略。同時也需針對 Docker 資源使用關係中的 app_port 欄位來監控整體 String（sh-buffer-qq-video-2877）業務是否處於健康狀態。在這裡我們沉澱了 String（sh-buffer-qq-video-2877）的一些基礎資料如負載、記憶體、網路和磁碟 IO 等為資源的調度奠定了基石，如圖 12-6 所示。

▲ 圖 12-6　離線運營系統負載

12.5　本章小結

本章藉助於 Clip 名稱服務工具，介紹了一個 Docker 的離線系統應用案例，它可以非常方便地管理大量伺服器，並且可以透過服務混合部署充分利用機器的各項資源，有效地降低機房的運營成本。

CHAPTER | 13

Etcd、Cadvisor 和 Kubernetes 實踐

本章節將介紹 Docker 的容器叢集管理平台 Kubernetes、服務探查（service discovery）的鍵值對儲存系統 Etcd，以及容器監控平台 Cadvisor，詳細介紹三個平台的功能特點、部署及使用方法。其中 Etcd 與 Cadvisor 也是 Kubernetes 平台的核心元件，可以瞭解到元件之間是如何協作的。

13.1　Etcd 實踐

Etcd（https://github.com/coreos/etcd）是一個高可用性的鍵值對儲存系統（key-value store），主要用於共用設定和服務探查。Etcd 是由 CoreOS 開發並維護的，靈感來自 ZooKeeper 和 Doozer，它使用 Go 語言編寫，並透過 Raft 一致性演算法處理日誌複製以保證強一致性。Raft 是一個來自 Stanford 的新的一致性演算法，適用於分散式系統的日誌複製，Raft 透過選舉的方式來實現一致性。在 Raft 中，任何一個節點都可能成為 Leader。Google 的容器叢集管理系統 Kubernetes、開源 PaaS 平台 Cloud Foundry 和 CoreOS 的 Fleet 都廣泛使用了 Etcd，主要用於分享設定和服務探查。Etcd 具備如下特點：

- 簡單：支援 curl 方式的使用者 API（HTTP+JSON）。

- 安全：可選 SSL 客戶端憑證。

- 快速：單實例可達每秒 1000 次寫操作。

- 可靠：使用 Raft 實現分散式。

13.1.1 安裝 Etcd

Etcd 官方提供兩種安裝模式，一種為原始碼編譯模式，要求具備 Golang 語言環境，另一種為二進位套件下載，解壓縮後即可使用，簡單快捷，筆者比較推薦此方式，詳細安裝方法如下：

```
# mkdir -p /home/install && cd /home/install
# wget https://github.com/coreos/etcd/releases/download/v0.4.6/etcd-
v0.4.6-linux-amd64.tar.gz
# tar -zxvf etcd-v0.4.6-linux-amd64.tar.gz
# cd etcd-v0.4.6-linux-amd64
# cp etcd* /bin/
# /bin/etcd -version
etcd version 0.4.6    ## 看到這個訊息表示部署成功
```

啟動服務 Etcd 服務，如有提供第三方管理需求，另需在啟動參數中加入「-cors='*'」參數，比較好的管理工具有 etcd-browser（http://henszey.github.io/etcd-browser/）。

```
# mkdir /data/etcd    ## etcd 資料目錄
# /bin/etcd -name etcdserver \
    -data-dir /data/etcd \
    -peer-addr 192.168.1.10:7001 -addr 192.168.1.10:4001 \
    -peer-bind-addr 0.0.0.0:7001 -bind-addr 0.0.0.0:4001 &
```

由於 Etcd 具備多機容災支援，參數「-peer-addr」指定與其他節點通訊的位址；參數「-addr」指定服務監聽位址；參數「-data-dir」為指定資料儲存目錄；IP 位址 192.168.1.10 為安裝 Etcd 的主機。以下為設定 Etcd 服務防火牆，其中 4001 為服務埠，7001 為叢集資料互動埠，策略如下：

```
# iptables -I INPUT -s 192.168.1.0/24 -p tcp --dport 4001 -j ACCEPT
# iptables -I INPUT -s 192.168.1.0/24 -p tcp --dport 7001 -j ACCEPT
```

13.1.2　使用方法

Etcd 提供了兩種操作方法,一種是基於 HTTP 的 RESTful API,是一個使用 HTTP 並遵循 REST 原則的 Web 服務,透過不同 URI 來封裝業務邏輯,由於基於 HTTP 協定,因此我們可以使用 curl 命令來操作,比較適合程式的調用。另一種是透過命令 etcdctl 操作,適合維運及系統管理人員使用。下面將詳細介紹兩種操作 Etcd 的常用方法。

❶ 設定鍵值(Set key)

給「/message」鍵(key)設定「Hello world」值,操作命令如下:

```
# curl http://192.168.1.10:4001/v2/keys/message -XPUT -d value="Hello
world"
{
  "action": "set",
  "node": {
    "key": "/message",
    "value": "Hello world",
    "modifiedIndex": 231006,
    "createdIndex": 231006
  }
}
```

命令列操作如下:

```
# etcdctl set /message "Hello world"
Hello world
```

❷ 取得鍵值（Get key）

取得「/message」鍵值（key value），操作命令如下：

```
# curl http://192.168.1.10:4001/v2/keys/message
{
  "action": "get",
  "node": {
    "key": "/message",
    "value": "Hello world",
    "modifiedIndex": 231006,
    "createdIndex": 231006
  }
}
```

命令列操作如下：

```
# etcdctl get /message
Hello world
```

❸ 更新鍵值（Changing value）

更新「/message」鍵值（key value）為「Hello etcd」，操作命令如下：

```
# curl http://192.168.1.10:4001/v2/keys/message -XPUT -d value="Hello
etcd"
{
  "action": "set",
  "node": {
    "key": "/message",
    "value": "Hello etcd",
    "modifiedIndex": 231225,
    "createdIndex": 231225
  },
  "prevNode": {
    "key": "/message",
```

```
    "value": "Hello world",
    "modifiedIndex": 231006,
    "createdIndex": 231006
  }
}
```

命令列操作如下：

```
# etcdctl update /message "Hello etcd"
Hello etcd
```

❹ 刪除鍵（Deleting a key）

刪除「/message」鍵（key），操作命令如下：

```
# curl http://192.168.1.10:4001/v2/keys/message -XDELETE
{
  "action": "delete",
  "node": {
    "key": "/message",
    "modifiedIndex": 231395,
    "createdIndex": 231225
  },
  "prevNode": {
    "key": "/message",
    "value": "Hello etcd",
    "modifiedIndex": 231225,
    "createdIndex": 231225
  }
}
```

命令列操作如下：

```
# etcdctl rm /message
```

❺ 建立目錄（Creating Directories）

建立一個「/dir」目錄，操作命令如下：

```
# curl http://192.168.1.10:4001/v2/keys/dir -XPUT -d dir=true
{
  "action": "set",
  "node": {
    "key": "/dir",
    "dir": true,
    "modifiedIndex": 232067,
    "createdIndex": 232067
  }
}
```

命令列操作如下：

```
# etcdctl mkdir /dir
```

❻ 刪除目錄（Deleting a Directory）

刪除「/dir」目錄，操作命令如下：

```
# curl 'http://192.168.1.10:4001/v2/keys/dir?dir=true' -XDELETE
{
  "action": "delete",
  "node": {
    "key": "/dir",
    "dir": true,
    "modifiedIndex": 232213,
    "createdIndex": 232067
  },
  "prevNode": {
    "key": "/dir",
```

```
    "dir": true,
    "modifiedIndex": 232067,
    "createdIndex": 232067
  }
}
```

命令列操作如下：

```
# etcdctl rmdir /dir
```

❼ 捕捉鍵值更新事件（watch value change）

用於捕捉 key 的 value 的更新事件，從而觸發某個動作。實現捕捉「/message」key 的變化，命令執行後會處於等候狀態，直到 key 的 value 發生改變才退到系統提示符，操作命令如下：

```
# curl http://192.168.1.10:4001/v2/keys/message?wait=true
```

命令列操作如下：

```
# etcdctl watch /message
```

更多 Ectd 操作參考官方 API 文件：https://github.com/coreos/etcd/blob/master/Documentation/api.md。

13.2　Cadvisor 實踐

Cadvisor（https://github.com/google/cadvisor）是 Google 公司用來分析執行中的 Docker 容器的資源佔用及效能的工具。Cadvisor 是一個執行中的守護行程，用來收集、聚合、處理和匯出執行容器相關的資訊，每個容器保持獨立的參數、歷史資源使用情況和完整的資源使用資料。目前支援 lmctfy 容器和 Docker 容器。Cadvisor 提供前端 UI 及 API 介面，以供第三方程式進行調用。

13.2.1　安裝 Cadvisor

部署 Cadvisor 容器監控平台，官網提供了兩種方式，一種為原始碼編譯方式，需要本地具有 goland 環境；另一種為映像檔方式，目前託管在 hub.dockr.com 下，使用者在 Docker 主機環境執行「docker pull google/cadvisor」即可，最後再啟動該映像檔的一個實例：

```
# docker run \
  --volume=/var/run:/var/run:rw \
  --volume=/sys/fs/cgroup/:/sys/fs/cgroup:ro \
  --volume=/var/lib/docker/:/var/lib/docker:ro \
  --publish=8080:8080 \
  --detach=true \
  google/cadvisor
```

存取 http://<HOST_IP>:8080/，出現如圖 13-1 所示介面，說明安裝成功。

Cadvisor 取得該主機所有容器的 CPU、記憶體、網卡等資訊，且以秒為單位進行刷新，及時性非常高，缺點是不能集中式管理，要求每台主機都要部署 Cadvisor 環境，有沒有辦法實現集中式的資料取得？答案是肯定的，Cadvisor 也提供了 Remote REST API，可以輕鬆與採集程式進行對接，下一章節將詳細進行說明。

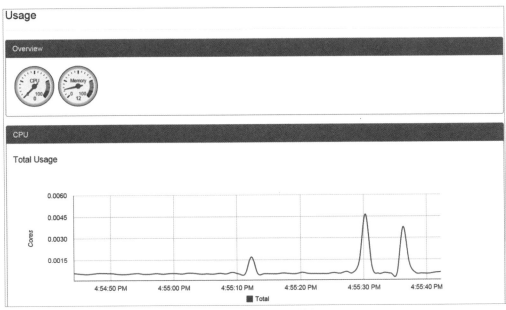

▲ 圖 13-1　Cadvisor 前端介面

13.2.2　Cadvisor API

Cadvisor 提供了遠端 REST API 的介面,透過介面我們可以取得前端 UI 看到的所有原始資料,調用位址格式如下(限 1.0 版本):

```
http://<hostname>:<port>/api/<version>/<request>
```

❶ 取得容器效能資料。API 存取格式如下:

```
http://192.168.1.201:8080/api/v1.0/containers/      # 取得所有容器資訊
http://192.168.1.201:8080/api/v1.0/containers/docker/666a95d88aa11418f37d4
d64319b2ada20bebd2e074e9899505492b307dcba4c      # 取得指定容器 ID 的資訊
```

取得所有容器的效能資訊(最近 60 秒的資料,1 秒一個數據點),詳細內容如圖 13-2 所示。

{"name":"/","subcontainers":[{"name":"/docker"},{"name":"/lxc"}],"spec":{"has_cpu":true,"cpu":{"limit":1024,"max_limit":0,"mask":"0-7"},"has_memory":true,"memory":{"limit":9223372036854775807,"swap_limit":9223372036854775807},"has_network":true,"has_filesystem":true},"stats":[{"timestamp":"2015-02-11T17:43:05.984133533+08:00","cpu":{"usage":{"total":84768663794957,"per_cpu_usage":[17769683184685,10551376081160,8878263485288,7390103558238,12714116897765,8945000031651,9423935925450,9096184366720],"user":36700400000000,"system":43242860000000},"load":0},"diskio":{},"memory":{"usage":7101259776,"working_set":3453374464,"container_data":{"pgfault":0,"pgmajfault":0},"hierarchical_data":{"pgfault":0,"pgmajfault":0}},"network":{"rx_bytes":0,"rx_packets":0,"rx_errors":0,"rx_dropped":0,"tx_bytes":0,"tx_packets":0,"tx_errors":0,"tx_dropped":0},"filesystem":[{"device":"/dev/mapper/docker-8:4-10076164-6829c23fa48234ebab1454424d492d7bdf527d7d8a31a57fe025b6c865b4e4af","capacity":10568916992,"usage":175894528,"reads_completed":0,"reads_merged":0,"sectors_read":0,"read_time":0,"writes_completed":0,"writes_merged":0,"sectors_written":0,"write_time":0,"io_in_progress":0,"io_time":0,"weighted_io_time":0},{"device":"/dev/sda4","capacity":458424119296,"usage":9633370112,"reads_completed":161655,"reads_merged":7873893,"sectors_read":23953914,"read_time":1094895,"writes_completed":11454666,"writes_merged":37964507,"sectors_written":395572138,"write_time":371251971,"io_in_progress":0,"io_time":71789415,"weighted_io_time":372475684},{"device":"/dev/sda1","capacity":10573565952,"usage":2248400896,"reads_completed":58961,"reads_merged":161150,"sectors_read":2577477,"read_time":2369049,"writes_completed":1524253,"writes_merged":1426139,"sectors_written":23607384,"write_time":9972099,"io_in_progress":0,"io_time":7082693,"weighted_io_time":12341227},{"device":"/dev/sda3","capacity":21137190912,"usage":1023684832,"reads_completed":14235,"reads_merged":739424,"sectors_read":1025427,"read_time":405568,"writes_completed":6283270,"writes_merged":6683004,"sectors_written":103752257,"write_time":109824589,"io_in_progress":0,"io_time":35740577,"weighted_io_time":110226876},{"device":"/dev/mapper/docker-8:4-10076164-209bcebbf9b8f0b6d038140c97adfb735a2365b0a58ed6340bda160228020d2a","capacity":10568916992,"usage":1778479104,"reads_completed":0,"reads_merged":0,"sectors_read":0,"read_time":0,"writes_completed":0,"writes_merged":0,"sectors_written":0,"write_time":0,"io_in_progress":0,"io_time":0,"weighted_io_time":0}]},{"timestamp":"2015-02-11T17:43:06.984128201+08:00","cpu":{"usage":{"total":84768669331900,"per_cpu_usage":[17769685209741,10551376645130,8878265641951,7390103641046,12714117201680,8945000397885,9423936278485,9096184515982],"user":36700400000000,"system":43242860000000},"load":0},"diskio":{},"memory":{"usage":7101259776,"working_set":3453374464,"container_data":{"pgfault":0,"pgmajfault":0},"hierarchical_data":{"pgfault":0,"pgmajfault":0}},"network":{"rx_bytes":0,"rx_packets":0,"rx_errors":0,"rx_dropped":0,"tx_bytes":0,"tx_packets":0,"tx_errors":0,"tx_dropped":0},"filesystem":

▲ 圖 13-2　返回所有容器效能資訊（JSON 格式）

❷ 取得主機效能資料。透過 CadvisorAPI，我們也可以取得主機的效能資料，API 存取格式如下：

```
http://192.168.1.201:8080/api/v1.0/machine
```

詳細內容如圖 13-3 所示。

{"num_cores":8,"cpu_frequency_khz":2526829,"memory_capacity":8246681600,"filesystems":[{"device":"/dev/sda1","capacity":10573565952},{"device":"/dev/sda3","capacity":21137190912},{"device":"/dev/mapper/docker-8:4-10076164-209bcebbf9b8f0b6d038140c97adfb735a2365b0a58ed6340bda160228020d2a","capacity":10568916992},{"device":"/dev/sda4","capacity":458424119296}],"disk_map":{"253:0":{"name":"dm-0","major":253,"minor":0,"size":107374182400},"253:1":{"name":"dm-1","major":253,"minor":1,"size":107374182400},"253:2":{"name":"dm-2","major":253,"minor":2,"size":107374182400},"8:0":{"name":"sda","major":8,"minor":0,"size":500107862016}},"network_devices":[{"name":"eth0","mac_address":"50:e5:49:81:25:50","speed":0,"mtu":1500},{"name":"eth1","mac_address":"50:e5:49:81:25:51","speed":1000,"mtu":1500}],"topology":[{"node_id":0,"memory":8580681728,"cores":[{"core_id":0,"thread_ids":[0,4],"caches":[{"size":32768,"type":"Data","level":1},{"size":32768,"type":"Instruction","level":1},{"size":262144,"type":"Unified","level":2}]},{"core_id":1,"thread_ids":[1,5],"caches":[{"size":32768,"type":"Data","level":1},{"size":32768,"type":"Instruction","level":1},{"size":262144,"type":"Unified","level":2}]},{"core_id":2,"thread_ids":[2,6],"caches":[{"size":32768,"type":"Data","level":1},{"size":32768,"type":"Instruction","level":1},{"size":262144,"type":"Unified","level":2}]},{"core_id":3,"thread_ids":[3,7],"caches":[{"size":32768,"type":"Data","level":1},{"size":32768,"type":"Instruction","level":1},{"size":262144,"type":"Unified","level":2}]}],"caches":null}]}

▲ 圖 13-3　返回所有主機效能資訊（JSON 格式）

13.3　Kubernetes 實踐

Kubernetes（https://github.com/GoogleCloudPlatform/kubernetes） 是 Google 開 源 的容器叢集管理系統，基於 Docker 建置一個容器的調度服務，提供資源調度、均衡容災、服務註冊、動態擴縮（scaling）等功能套件，受到各大巨頭及初創公司的青睞，如 Microsoft、VMWare、Red Hat、CoreOS、Mesos 等紛紛加入，給 Kubernetes 貢獻程式碼。隨著 Kubernetes 社群及各大廠商的不斷改進、發展，Kuberentes 將成為容器管理領域的領導者。本文介紹如何基於 CentOS7.0 建置 Kubernetes 平台，在正式介紹之前，大家有必要先理解 Kubernetes 幾個核心概念及其承擔的功能。Kubernetes 架構圖如圖 13-4 所示。

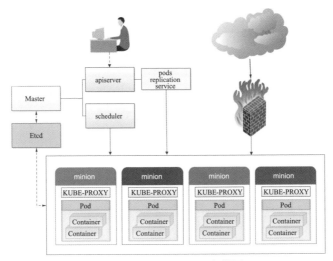

▲ 圖 13-4　Kubernetes 架構圖

13.3.1　基本概念

在開啟 Kubernetes 之旅前，大家先瞭解 Kubernetes 幾個基本概念，對理解其工作原理將有至關重要的作用。

❶ Nodes：代表 Kubernetes 平台中的工作節點，如一台主機。

❷ Pods：在 Kubernetes 系統中，調度的最小顆粒不是單純的容器，而是抽象成一個 Pod，Pod 是一個可以被建立、銷毀、調度、管理的最小的部署單元，如一個或一組容器。

❸ The Life of a Pod：包括 Pod 的狀態、事件及重啟生命週期策略、複製控制器等。

❹ Replication Controllers：Kubernetes 系統中最有用的功能，實現複製多個 Pod 副本，往往一個應用需要多個 Pod 來支撐，並且可以保證其複製的副本數。即使副本所調度分配的主機出現異常，透過 Replication Controller 可以保證在其他主機啟用同等數量的 Pod。Replication Controller 可以透過 repcon 範本來建立多個 Pod 副本，同樣也可以直接複製已存在的 Pod，需要透過 Label selector 來關聯。

❺ Services：Kubernetes 最周邊的單元，透過虛擬一個存取 IP 及服務埠，可以存取我們定義好的 Pod 資源，目前的版本是透過 iptables 的 nat 轉發來實現的，轉發的目標埠為 Kube_proxy 生成的隨機埠，目前只提供 Google 雲上的存取調度。

❻ Volumes：一個能夠被容器存取的目錄，或許還包含一些資料，與 Docker Volumes 有點兒類似。

❼ Labels：用於區分 Pod、Service、Replication Controller 的 key/value 鍵值對，僅使用在 Pod、Service、Replication Controller 之間的關係識別，但對這些單元本身進行操作時得使用 name 標籤。

❽ Accessing the API：Kubernetes 中埠、IP、代理伺服器和防火牆規則。

❾ Kubernetes Web Interface：存取 Kubernetes Web 介面。

❿ Kubectl Command Line Interface：Kubernetes 命令列介面，如 kubectl。

13.3.2 環境說明

本案例使用 CentOS 7.0 作為作業系統環境，Kubernetes 的版本為 V0.6.2，Etcd 版本為 0.4.6，Docker 的版本為 1.3.2，伺服器角色環境見表 13-1。

審註
截至 2017 年 4 月，Kubernetes 最新穩定版是 v1.6.2、Etcd 最新穩定版是 v3.1.7，Docker 最新穩定版是 17.03.1-ce，為避免使用最新版本相差太大，需要大量修改導致內文曲解，這邊仍保留原作使用的舊版本為例。

▼ 表 13-1　伺服器角色環境

角色	主機名稱	IP	環境説明
Master	SN2014-12-200	192.168.1.200	Kubernetes
Etcd	SN2014-12-010	192.168.1.10	Etcd
Minion	SN2014-12-201	192.168.1.201	Kubernetes+docker
Minion	SN2014-12-202	192.168.1.202	Kubernetes+docker

13.3.3　環境部署

下面為系統初始化工作，操作物件為所有主機，本節涉及系統安裝都選擇「最小化安裝」，保證系統的精簡，節省無謂的資源損耗，以下為安裝系統基礎套件及新增 EPEL 套件來源：

```
# yum -y install wget ntpdate bind-utils
# wget http://mirror.centos.org/centos/7/extras/x86_64/Packages/epel-release-7-2.noarch.rpm
# yum update
```

CentOS 7.0 預設使用的是 firewall 作為防火牆管理，這裡改為 iptables 防火牆（熟悉度更高，非必需）。

❶ 關閉 firewall

```
# systemctl stop firewalld.service  ##停止 firewall
# systemctl disable firewalld.service  ##禁止 firewall 開機啟動
```

❷ 安裝 iptables 防火牆

```
# yum install iptables-services  ## 安裝
# systemctl start iptables.service  ## 最後重啟防火牆使設定生效
# systemctl enable iptables.service  ## 設定防火牆開機啟動
```

▶ 1. 部署 Etcd 環境

本案例為 192.168.1.10 主機,詳細參考 9.1.1 章節內容,此處省略。

▶ 2. 安裝 Kubernetes

> **審註**
>
> Minion 在 Kubernetes 較新的版本已經改稱為 Node,代表一台執行 Kubernetes 的實體或虛擬的主機。

操作物件為所有 Master、Minion 主機。

本案例使用最簡單的 yum 來源方式進行安裝,預設會安裝 etcd、docker 和 cadvisor 等相關套件,可以根據不同角色去啟動及設定不同服務,安裝方式如下:

```
# curl https://copr.fedoraproject.org/coprs/eparis/kubernetes-epel-7/repo/
epel-7/eparis-kubernetes-epel-7-epel-7.repo -o /etc/yum.repos.d/eparis-
kubernetes-epel-7-epel-7.repo
# yum -y install kubernetes
```

由於透過 yum 安裝的版本相對比較老舊,需要升級至最新版本 V0.6.2(二進位套件),直接覆蓋 bin 檔即可,方法如下:

```
# mkdir -p /home/install && cd /home/install
# wget https://github.com/GoogleCloudPlatform/kubernetes/releases/
download/v0.6.2/kubernetes.tar.gz
# tar -zxvf kubernetes.tar.gz
# tar -zxvf kubernetes/server/kubernetes-server-linux-amd64.tar.gz
# cp kubernetes/server/bin/kube* /usr/bin
```

接下來我們校驗安裝結果,出現圖 13-5 所示的提示資訊則說明安裝正確。

```
[root@SN2014-12-200 ~]# /usr/bin/kubectl version
Client Version: version.Info{Major:"0", Minor:"6+", GitVersion:"v0.6.2", GitCommit:"729fde276613eedcd99ecf5b93f095b8deb64eb4", GitTreeState:"clean"}
Server Version: &version.Info{Major:"0", Minor:"6+", GitVersion:"v0.6.2", GitCommit:"729fde276613eedcd99ecf5b93f095b8deb64eb4", GitTreeState:"clean"}
```

▲ 圖 13-5　命令列介面版本資訊

▶ 3.Kubernetes 設定（僅 Master 主機）

在角色 Master 執行三個元件，包括 apiserver、scheduler、controller-manager，相關設定項也只涉及這三塊。其中 scheduler 為調度器，負責收集和分析當前 Kubernetes 叢集中所有 Minion 節點的資源的負載情況，根據這些資訊合理地分發新建的 Pod 到 Kubernetes 叢集中可用的節點當中。詳細的設定資訊如下：

【/etc/kubernetes/config】

```
# Comma seperated list of nodes in the etcd cluster
# 指定 ECTD 伺服器 IP 及服務埠
KUBE_ETCD_SERVERS="--etcd_servers=http://192.168.1.10:4001"


# logging to stderr means we get it in the systemd journal
KUBE_LOGTOSTDERR="--logtostderr=true"


# journal message level, 0 is debug
KUBE_LOG_LEVEL="--v=0"


# Should this cluster be allowed to run privleged docker containers
KUBE_ALLOW_PRIV="--allow_privileged=false"
```

【/etc/kubernetes/apiserver】

```
# The address on the local server to listen to.
# API 監聽主機位址
KUBE_API_ADDRESS="--address=0.0.0.0"


# The port on the local server to listen on.
# API 監聽埠
KUBE_API_PORT="--port=8080"


# How the replication controller and scheduler find the kube-apiserver
# 複製與調度使用的 API 主機與埠
KUBE_MASTER="--master=192.168.1.200:8080"
```

```
# Port minions listen on
# Minion 監聽埠
KUBELET_PORT="--kubelet_port=10250"

# Address range to use for services
# 定義 SERVICE 隨機網段
KUBE_SERVICE_ADDRESSES="--portal_net=10.254.0.0/16"

# Add you own!
KUBE_API_ARGS=""
```

【/etc/kubernetes/controller-manager】

```
# Comma seperated list of minions
# 定義 Minion 主機清單
KUBELET_ADDRESSES="--machines= 192.168.1.201,192.168.1.202"

# Add you own!
KUBE_CONTROLLER_MANAGER_ARGS=""
```

【/etc/kubernetes/scheduler】

```
# Add your own!
KUBE_SCHEDULER_ARGS=""
```

最後一步就是啟動 master 端的相關服務了。在 CentOS7 中，服務管理使用的是 systemctl，有關 systemctl 的用法可參考：http://www.linuxbrigade.com/centos-7-rhel-7-systemd-commands/，具體的操作步驟如下：

```
# systemctl daemon-reload
# systemctl start kube-apiserver.service kube-controller-manager.service
kube-scheduler.service
# systemctl enable kube-apiserver.service kube-controller-manager.service
kube-scheduler.service
```

▶ 4.Kubernetes 設定（僅 Minion 主機）

Minion（部署 Docker 環境的主機）執行兩個元件，包括 kubelet、proxy，相關設定項也只針對這兩部分，開始之前需要對 Docker 的啟動參數進行修改，以便後面提供遠端 API 操作支援，具體操作如下：

【/etc/sysconfig/docker】

```
# Modify these options if you want to change the way the docker daemon runs
OPTIONS=--selinux-enabled -H tcp://0.0.0.0:2375 -H fd://
# Location used for temporary files, such as those created by
# docker load and build operations. Default is /var/lib/docker/tmp
# Can be overriden by setting the following environment variable.
# DOCKER_TMPDIR=/var/tmp
```

修改 Minion 防火牆設定，通常 master 找不到 Minion 主機多半是由於 10250 埠沒有連通，插入以下 iptables 規則：

```
iptables -I INPUT -s 192.168.1.200 -p tcp --dport 10250 -j ACCEPT
```

下面為修改 Kubernetes Minion 端的相關設定。以 192.168.1.201 主機為例，其他 Minion 主機設定同理，也可以透過 scp 命令遠端複製至其他 Minion 主機。

【/etc/kubernetes/config】

```
# Comma seperated list of nodes in the etcd cluster
# 指定 ECTD 伺服器 IP 及服務埠
KUBE_ETCD_SERVERS="--etcd_servers=http://192.168.1.10:4001"

# logging to stderr means we get it in the systemd journal
KUBE_LOGTOSTDERR="--logtostderr=true"

# journal message level, 0 is debug
KUBE_LOG_LEVEL="--v=0"
```

```
# Should this cluster be allowed to run privleged docker containers
KUBE_ALLOW_PRIV="--allow_privileged=false"
```

【/etc/kubernetes/kubelet】

```
###
# kubernetes kubelet (minion) config

# The address for the info server to serve on (set to 0.0.0.0 or "" for
all interfaces)
KUBELET_ADDRESS="--address=0.0.0.0"

# The port for the info server to serve on
# 定義監聽的服務埠
KUBELET_PORT="--port=10250"

# You may leave this blank to use the actual hostname
# 定義 Minion 主機名稱
KUBELET_HOSTNAME="--hostname_override=192.168.1.201"

# Add your own!
KUBELET_ARGS=""
```

【/etc/kubernetes/proxy】

```
KUBE_PROXY_ARGS=""
```

啟動 Minion 端 Kubernetes 服務，命令如下：

```
# systemctl daemon-reload
# systemctl enable docker.service kubelet.service kube-proxy.service
# systemctl start docker.service kubelet.service kube-proxy.service
```

13.3.4 API 常用操作

Kubernetes 提供了兩種 API 操作方式,一種為 kubectl 命令列,另一種為 HTTP
REST 方式,筆者推薦第二種方式,優勢是可以在非 master 主機上透過 HTTP 方式
調用操作,且及時性更高。

❶ 命令列方式。

```
# kubectl get minions   ## 查查看 Minion 主機
# kubectl get pods       ## 查看 pods 清單
# kubectl get services 或 kubectl get services -o json   ## 查看 service 清單
# kubectl get replicationControllers ## 查看 replicationControllers 清單
# for i in kubectl get pod |tail -n +2 |awk '{print $1}'; do kubectl
delete pod $i; done   ## 刪除所有 pods
```

❷ Server api for REST 方式。

```
# curl -s -L http://192.168.1.200:8080/api/v1beta1/version | python
-mjson.tool   ## 查看 kubernetes 版本
# curl -s -L http://192.168.1.200:8080/api/v1beta1/pods | python -mjson.
tool   ## 查看 pods 清單
# curl -s -L http://192.168.1.200:8080/api/v1beta1/replicationControllers
| python -mjson.tool ## 查看 replicationControllers 清單
# curl -s -L http://192.168.1.200:8080/api/v1beta1/minions | python -m
json.tool     ## 查查看 minion 主機
# curl -s -L http://192.168.1.200:8080/api/v1beta1/services | python -m
json.tool     ##service 清單
```

> **注意!**
>
> 在 Kubernetes 0.6 版後,所有的操作命令都整合至 kubectl,包括 kubecfg、kubectl.sh、
> kubecfg.sh 等。

13.3.5 建立 pod 單元

在 Kubernetes 中支援使用 json 格式來描述資源或物件,例如 pod、replication、service 等,下面建立一個 pod 的 json 描述。

```
# /home/kubermange/pods && cd /home/kubermange/pods
【/home/kubermange/pods/apache-pod.json】
{
  "id": "fedoraapache",
  "kind": "Pod",
  "apiVersion": "v1beta1",
  "desiredState": {
    "manifest": {
      "version": "v1beta1",
      "id": "fedoraapache",
      "containers": [{
        "name": "fedoraapache",
        "image": "fedora/apache",
        "ports": [{
          "containerPort": 80,
          "hostPort": 8080
        }]
      }]
    }
  },
  "labels": {
    "name": "fedoraapache"
  }
}
```

apache-pod.json 有兩個較關鍵的設定項,其中「containers」標籤為定義一個完整的容器描述,包括指定映像檔(image)、名稱(name)、埠映射(ports)等,另一個為「labels」標籤,定義該 pod 的引用標誌,透過一個 key:value 來定義,本例為 "name": "fedoraapache",名稱 "fedoraapache" 代表了這個 pod。

下一步,執行 kubectl 命令建立此 pod,使用 create 參數,如下:

```
# kubectl create -f apache-pod.json
```

使用 get 參數取得此 pod 資訊,執行以下命令:

```
# kubectl get pod
```

返回 pod 的資訊如圖 13-6 所示。

NAME	IMAGE(S)	HOST	LABELS	STATUS
fedoraapache	fedora/apache	192.168.1.202/	name=fedoraapache	Running

▲ 圖 13-6   返回 pod 的資訊

從返回的 pod 資訊可以看到,該 pod 被分配至 192.168.1.202 主機上,狀態為 Runing。啟動瀏覽器存取 http://192.168.1.202:8080/,對應的服務埠(如 8080)切記在 iptables 中已加入,出現圖 13-7 所示的結果,證明我們已經成功建立了一個 pod 單元。

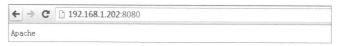

▲ 圖 13-7   存取容器服務截圖

最後,我們觀察下 Etcd 鍵值對儲存平台發生了什麼,可以透過 etcd-browser 工具來查看,結果如圖 13-8 所示,nodes 節點下面為叢集所有 minion 主機清單,pods 節點多了一個 default 子節點,按一下可以看到建立好的「fedoraapache」pod 資訊。

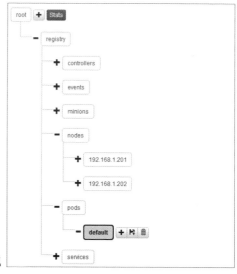

▶ 圖 13-8   etcd-browser 頁面顯示資訊

223

為了方便讀者更清楚看到完整的 pod 資訊，筆者將 key 「fedoraapache」對應的 value json 資訊進行格式，可以使用線上 json 工具格式化平台，如 http://www.bejson.com/jsonview2/，效果如圖 13-9 所示。

▲ 圖 13-9　pod 資訊格式化截圖

13.3.6 實戰案例

下面使用 Kubernetes 進行實戰操作，任務是透過 Kubernetes 建立一個 LNMP 架構的服務叢集，使用 pod、replication、service 等元件，以及觀察其複製能力、服務接入特點，涉及映像檔「yorko/webserver」，該映像檔已經 push 至官方 registry.hub.docker.com 倉庫，大家可以透過「docker pull yorko/webserver」下載。

接下來建立 replication 及 service 元件，首選需要建立設定存放目錄：

```
# mkdir -p /home/kubermange/replication && mkdir -p /home/kubermange/service
# cd /home/kubermange/replication
```

第一步，建立一個 replication，本例直接在 replication 中建立 pod 並複製。當然，也可以單獨建立 pod 再透過 replication 來複製，下面為完成的 replication 描述資訊。

【replication/lnmp-replication.json】

```
{
  "id": "webserverController",
  "kind": "ReplicationController",
  "apiVersion": "v1beta1",
  "labels": {"name": "webserver"},
  "desiredState": {
    "replicas": 6,
    "replicaSelector": {"name": "webserver_pod"},
    "podTemplate": {
      "desiredState": {
        "manifest": {
          "version": "v1beta1",
          "id": "webserver",
          "volumes": [
            {"name":"httpconf", "source":{"hostDir":{"path":"/etc/httpd/conf"}}},
            {"name":"httpconfd", "source":{"hostDir":{"path":"/etc/httpd/conf.d"}}},
            {"name":"httproot", "source":{"hostDir":{"path":"/data"}}}
          ],
```

```
        "containers": [{
          "name": "webserver",
          "image": "yorko/webserver",
          "command": ["/bin/sh", "-c", "/usr/bin/supervisord -c /etc/supervisord.conf"],
          "volumeMounts": [
            {"name":"httpconf", "mountPath":"/etc/httpd/conf"},
            {"name":"httpconfd", "mountPath":"/etc/httpd/conf.d"},
            {"name":"httproot", "mountPath":"/data"}
            ],
          "cpu": 100,
          "memory": 50000000,
          "ports": [{
            "containerPort": 80,
          },{
            "containerPort": 22,
          }]
        }]
      }
    },
    "labels": {"name": "webserver_pod"},
    },
  }
}
```

在 lnmp-replication.json 描述設定中,實現了一個 LNMP 架構的容器的 pod,並且複製了六份,其中「replicas」指定複製的份數,「replicaSelector」為複製選擇器,即複製的 pod 物件,與 podTemplate(pod 範本)的 labels 標籤一致。完整的容器的描述資訊在 desiredState.desiredState 節點中定義,包括 volumes、cpu、memory、ports 等資訊,理論上都可以與命令列 docker run 一一對應上。

執行建立命令,同樣使用 kubectl 命令,如下:

```
# kubectl create -f lnmp-replication.json
```

執行 kubectl get pod 命令觀察生成的 pod 副本清單，發現已經生成了六個 pod 副本，且平均分配至不同主機上，都處於執行狀態。

```
[root@SN2014-12-200 replication]# kubectl get pod
NAME                                    IMAGE(S)            HOST
LABELS                  STATUS
84150ab7-89f8-11e4-970d-000c292f1620    yorko/webserver     192.168.1.202/
name=webserver_pod      Running
84154ed5-89f8-11e4-970d-000c292f1620    yorko/webserver     192.168.1.201/
name=webserver_pod      Running
840beb1b-89f8-11e4-970d-000c292f1620    yorko/webserver     192.168.1.202/
name=webserver_pod      Running
84152d93-89f8-11e4-970d-000c292f1620    yorko/webserver     192.168.1.202/
name=webserver_pod      Running
840db120-89f8-11e4-970d-000c292f1620    yorko/webserver     192.168.1.201/
name=webserver_pod      Running
8413b4f3-89f8-11e4-970d-000c292f1620    yorko/webserver     192.168.1.201/
name=webserver_pod      Running
```

第二步，建立一個 service 來對外提供服務，透過指定 selector 的「"name": "webserver_pod"」參數與 pods 進行關聯。

【service/lnmp-service.json】

```
{
  "id": "webserver",
  "kind": "Service",
  "apiVersion": "v1beta1",
  "selector": {
    "name": "webserver_pod",
  },
  "protocol": "TCP",
  "containerPort": 80,
  "port": 8080
}
```

透過「protocol」指定服務的協定，如「TCP，containerPort」為指定容器的服務埠，「port」為映射的服務埠，最後執行建立 service 命令，如下：

```
# kubectl create -f lnmp-service.json
```

建立完畢後，登入任意一台 Minion 主機（如 192.168.1.201），查詢主機產生的 iptables 轉發規則，最後一行規則「... 10.254.216.51   /* webserver */ tcp dpt:8080 redir ports 40689」的含義是將所有存取的目標 IP「10.254.216.51」（虛擬網段，在 master 的 /etc/kubernetes/apiserver 中定義）的「8080」埠映射至「40689」。其中「40689」作為代理埠，後端為該 service 定義 pods 所對應的容器服務埠。

```
# iptables -nvL -t nat
Chain KUBE-PROXY (2 references)
pkts bytes target        prot opt in       out      source               destination
   2    120 REDIRECT     tcp  --  *        *        0.0.0.0/0
10.254.102.162           /* kubernetes */ tcp dpt:443 redir ports 47700
   1     60 REDIRECT     tcp  --  *        *        0.0.0.0/0
10.254.28.74             /* kubernetes-ro */ tcp dpt:80 redir ports 60099
   0      0 REDIRECT     tcp  --  *        *        0.0.0.0/0
10.254.216.51            /* webserver */ tcp dpt:8080 redir ports 40689
```

最後，我們可以存取測試頁來觀察代理埠均衡後端容器的效果，存取 http://192.168.1.201:40689/info.php，瀏覽器重新讀取頁面後就會發現 proxy 後端的變化，預設為隨機輪循演算法，詳細如圖 13-10 所示。

注意！

當前版本接入層官方側重點還放在 GCE（Google Compute Engine）的對接優化，如本案例中的 10.254.216.0/24 虛擬網段。針對個人私有雲還未推出一套可行的接入解決方案。在 0.5 版本中才引用 service 代理轉發的機制，且是透過 iptables 來實現的，在高併發下效能令人擔憂。但筆者依然看好 Kubernetes 未來的發展，至少目前還未看到另外一個具備良好生態圈的平台，相信在 V1.0 時就會具備生產環境的服務支撐能力。

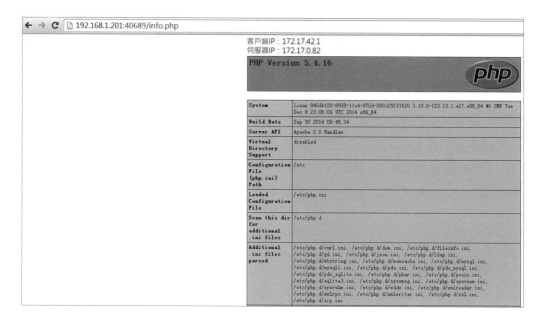

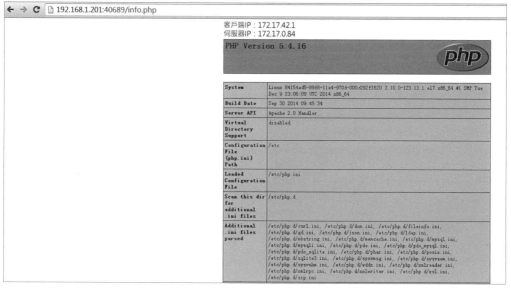

▲ 圖 13-10　存取 Kubernetes 代理埠位址效果

13.4 本章小結

本章節介紹了 Etcd 的基本用法，以及 Docker 容器監控元件 Cadvisor 的部署與使用，最後介紹了業界最為流行的 Docker 編排工具——Kubernetes，透過與 Etcd 元件的結合，實現了 Kubernetes 相關設定資訊的儲存，同時介紹了 Kubernetes 最小調度單元 pod 及常見 API 的操作，最後透過一個實戰案例，幫助讀者對 Kubernetes 這個工具有一個更加清晰的認識。

CHAPTER | 14

建置 Docker 高可用性及 自動探查架構實踐

ocker 的生態日趨成熟，開源社群也不斷孵化出優秀的周邊專案，如覆蓋網路、監控、維護、部署、開發等方面。幫助開發、維運人員快速建置、運營 Docker 服務環境，其中也不乏大公司的身影，如 Google、IBM、Red Hat，甚至微軟也宣稱後續將提供 Docker 在 Windows 平台的支援。Docker 的發展前景一片大好。但在企業當中，如何選擇適合自己的 Docker 建置方案？可選的方案有 Kubernetes 與 CoreOS（都已整合各類元件），另外一種方案為 Haproxy+Etcd+Confd，採用鬆散式的組織結構，但各個元件之間的通訊是非常嚴密的，且擴展性更強，定制也更加靈活。下面將詳細介紹如何使用 Haproxy+Etcd+Confd 建置一個高可用性及自動探查的 Docker 基礎架構。

14.1 架構優勢

筆者約定由 Haproxy + Etcd + Confd + Docker 建置的基礎服務平台簡稱「HECD」架構，整合了多種開源元件，看似鬆散的結構，事實上已經是一個有機的整體，它們互相聯繫、互相作用，是 Docker 生態圈中最理想的組合之一，具有以下優勢：

● 自動、即時發現及無感知服務刷新。

● 支援任意多台 Docker 主機。

● 支援多種 App 接入且打散至不分主機。

- 採用 Etcd 儲存資訊，叢集支援可靠性高。

- 採用 Confd 設定引擎，支援各類接入層，如 Nginx。

- 支援負載均衡、故障遷移。

- 具備資源彈性，伸縮自如（透過生成、銷毀容器實現）。

14.2 架構介紹

在 HECD 架構中，首先管理員操作 Docker Client，除了提交容器（Container）啟動與停止指令外，還透過 REST-API 方式向 Etcd 鍵值對儲存元件註冊容器資訊，包括容器名稱、主機 IP、映射埠等。Confd 設定元件會定時查詢 Etcd 元件取得最新的容器資訊，根據定義好的設定範本建立 Haproxy 設定檔 Haproxy.cfg，並且自動 reload haproxy 服務。使用者在存取業務服務時，完全沒有感知後端 App 的上線、下線、切換及遷移，達到了自動發現、高可用性的目的。詳細架構圖如圖 14-1 所示。

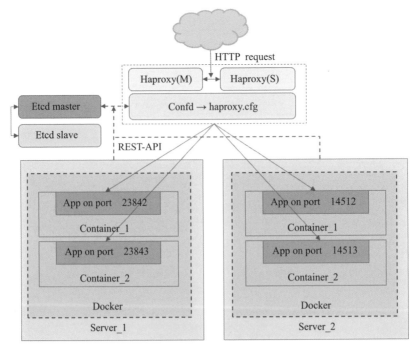

▲ 圖 14-1　HECD 架構圖

在開始對架構做詳細介紹之前,我們先逐一對架構中涉及的各個元件及發揮的作用進行簡單介紹。

▶ 1.Etcd 介紹

Etcd 是一個高可用性的鍵值對儲存系統(key-value store),主要用於分享設定和服務探查(service discovery),更多 Etcd 介紹參見 13.1 節。在本架構中負責儲存容器的註冊資訊。

▶ 2.Confd 介紹

Confd 是一個羽量級的設定管理工具。透過查詢 Etcd,結合設定範本引擎,保持本地設定最新,同時具備定期探測機制,設定變更自動 reload。在本架構中負責讀取 Etcd 叢集中容器的註冊資訊並刷新接入層 Haproxy 的設定。

▶ 3.Haproxy 介紹

Haproxy 是提供高可用性、負載均衡及基於 TCP 和 HTTP 應用的代理,支援虛擬主機,它是免費、快速並且可靠的一種解決方案。在本架構中作為業務的接入層,包括容器服務的負載均衡、故障遷移等功能。

架構總體上拆分為三大層次,分別為主機容器層、Etcd 叢集層及 Haproxy 接入層。為了方便大家理解各元件間的關係,透過圖 14-2 進行架構流程梳理,首先管理員透過 Shell 或 API 操作容器,如建立或銷毀容器;下一步將容器建立、銷毀資訊提交至 Etcd 叢集,使之變更;Confd 元件透過定時向 Etcd 叢集發送查詢請求,獲得最新提交至 Etcd 中的容器資訊,透過 Confd 的範本引擎生成 Haproxy 設定檔,最後刷新 Haproxy 設定使之服務生效,整個流程結束。

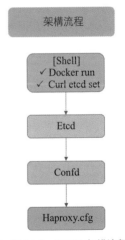

▲ 圖 14-2　HECD 架構流程

14.3 架構建置

平台環境基於 CentOS 6.5 以及 Docker 1.3 建置，其中 Etcd 的版本為 etcd version 0.5.0-alpha，Confd 版本為 confd 0.6.2，Haproxy 版本為 HA-Proxy version 1.4.24。

下面對平台的環境、安裝部署、元件說明等進行詳細說明，環境設備角色表如下：

> **審註**
>
> 截至 2017 年 4 月，CentOS 最新穩定版是 7.3、Docker 最新穩定版是 17.03.1-ce、Etcd 最新穩定版是 v3.1.7、confd 最新穩定版為 v0.11.0、HAProxy 最新穩定版是 v1.7.0，為避免使用最新版本相差太大，需要大量修改導致內文曲解，這邊仍保留原作使用的舊版本為例。

角色	主機名稱	IP	環境說明
接入層	SN2013-08-020	192.168.1.20	Haproxy+confd
儲存層	SN2012-07-021	192.168.1.21	Etcd
主機	SN2012-07-022	192.168.1.22	Docker
主機 N	…	…	Docker

14.3.1 元件環境部署

下面針對三種不同角色元件進行安裝部署，本案例採用了 Yum 及二進位安裝方式，讀者可以根據實際情況進行調整。

▶ 1. Docker 環境部署

使用 SSH 終端登入主機 192.168.1.22 伺服器，執行以下命令：

```
# yum -y install docker-io
  # service docker start
  # chkconfig docker on
```

▶ 2. Haproxy、Confd 環境部署

SSH 終端登入接入層 192.168.1.20 伺服器，執行以下命令：

❶ 安裝 haproxy

```
# yum -y install haproxy    ## 採用 yum 安裝模式；
```

❷ 安裝 confd

```
# wget https://github.com/kelseyhightower/confd/releases/download/v0.6.3/
confd-0.6.3-linux-amd64
# mv confd /usr/local/bin/confd
# chmod +x /usr/local/bin/confd
# /usr/local/bin/confd -version
confd 0.6.2     ## 顯示版本號則說明成功安裝；
```

命令列操作如下：

```
# etcdctl get /message
Hello world
```

▶ 3. Etcd 環境部署

SSH 終端登入儲存層 192.168.1.21 伺服器，本案例使用單機模式，生產環境建議使用叢集模式來提供服務，可解決單點問題，詳細可參考官網文件（https://github.com/coreos/etcd/blob/master/Documentation/clustering.md）部署，本文此處省略。執行以下命令進行安裝：

```
# mkdir -p /home/install && cd /home/install
# wget https://github.com/coreos/etcd/releases/download/v0.4.6/etcd-
v0.4.6-linux-amd64.tar.gz
# tar -zxvf etcd-v0.4.6-linux-amd64.tar.gz
# cd etcd-v0.4.6-linux-amd64
# cp etcd* /bin/
# /bin/etcd -version
etcd version 0.4.6        ## 顯示版本號則說明成功安裝；
```

14.3.2　Etcd 設定

當各個元件安裝完畢後，我們就可以對元件的啟動參數、設定檔進行操作，由於
Etcd 是一個羽量級的鍵值對儲存平台（key-value store），啟動時指定相關參數即
可，無須設定。

```
# mkdir /data/etcd      ## 建立資料儲存目錄；
# /bin/etcd -name etcdserver -peer-addr 192.168.1.21:7001 -addr
192.168.1.21:4001 -data-dir /data/etcd -peer-bind-addr 0.0.0.0:7001 -bind-
addr 0.0.0.0:4001 &
```

Etcd 是具備叢集服務能力的，參數「-peer-addr」指定與其他節點通訊的位址；參
數「-addr」指定服務監聽位址；參數「-data-dir」指定資料儲存目錄。由於 Etcd 是
透過 REST-API 方式進行互動的，常見操作參見 11.1.2 節。

注意！

此啟動參數在 V0.4.6 版本中測試過，其他不同版本可能存在細微差異，可從官網 https://
github.com/coreos/etcd 瞭解最新參數說明。

14.3.3　Confd 設定

由於 Haproxy 的設定檔是由 Confd 元件生成的,要求 Confd 務必要與 Haproxy 安裝在同一台主機上,Confd 的設定有兩類:一類為 Confd 資源設定檔,即定義外部應用程式的基本資訊,預設路徑為「/etc/confd/conf.d」目錄;另一類為設定範本檔,預設路徑為「/etc/confd/templates」。具體設定如下。

首先,建立兩類設定檔儲存目錄。

```
# mkdir -p /etc/confd/{conf.d,templates}
```

▶ 1. 設定資源檔

詳細參見以下設定檔,其中「src」為指定範本檔案名稱(預設到路徑 /etc/confd/templates 中查詢);「dest」指定生成的 Haproxy 設定檔路徑;「keys」指定關聯 Etcd 中 key 的 URI 列表;「reload_cmd」指定服務重載的命令,本例中設定成 Haproxy 的 reload 命令。

【/etc/confd/conf.d/haproxy.toml】

```
[template]
src = "haproxy.cfg.tmpl"
dest = "/etc/haproxy/haproxy.cfg"
keys = [
  "/app/servers",
]
reload_cmd = "/etc/init.d/haproxy reload"
```

▶ 2. 應用程式設定範本檔

Confd 範本採用了 Go 語言的文字範本引擎,可實現透過自身的語法對應用程式(Haproxy)設定檔進行靈活處理。具備簡單的邏輯語法,包括循環體、處理函數等,這個範例的範本檔如下所示,透過 range 迴圈輸出 Key 及 Value 資訊。

【 /etc/confd/templates/haproxy.cfg.tmpl 】

```
global
        log 127.0.0.1 local3
        maxconn 5000
        uid 99
        gid 99
        daemon
defaults
        log 127.0.0.1 local3
        mode http
        option dontlognull
        retries 3
        option redispatch
        maxconn 2000
        contimeout  5000
        clitimeout  50000
        srvtimeout  50000

listen frontend 0.0.0.0:80
        mode http
        balance roundrobin
        maxconn 2000
        option forwardfor
        {{range gets "/app/servers/*"}}
        server {{base .Key}} {{.Value}} check inter 5000 fall 1 rise 2
        {{end}}

        stats enable
        stats uri /admin-status
        stats auth admin:123456
        stats admin if TRUE
```

▶ 3. Confd 範本引擎介紹

本小節詳細介紹了 Confd 範本引擎基礎語法與使用範例，方便大家操作不限於 haproxy.cfg 設定檔，同樣也可以用於 nginx.conf 或其他，首先，提交範例用到的 Key 資訊到 Etcd 主機，其中「/app/servers」為應用鍵資訊，與「/etc/confd/conf.d/ haproxy.toml」設定檔中的「keys」參數值保持一致。詳細操作如下：

```
# curl -XPUT http://192.168.1.21:4001/v2/keys/app/servers/backstabbing_
rosalind -d value="192.168.1.22:49156"
# curl -XPUT http://192.168.1.21:4001/v2/keys/app/servers/cocky_morse -d
value="192.168.1.22:49158"
# curl -XPUT http://192.168.1.21:4001/v2/keys/app/servers/goofy_goldstine
-d value="192.168.1.22:49160"
# curl -XPUT http://192.168.1.21:4001/v2/keys/app/servers/prickly_
blackwell -d value="192.168.1.22:49162"
```

下面介紹 Confd 範本引擎常用語法及結果輸出。

❶ base 函數

作為 path.Base 函數的別名，取得 URI 路徑最後一段。

```
{{ with get "/app/servers/prickly_blackwell"}}
  server {{base .Key}} {{.Value}} check
{{end}}
```

結果輸出：

```
prickly_blackwell 192.168.1.22:49162
```

❷ get 函數

返回一對匹配的鍵值對（key-value），找不到則返回錯誤。

```
{{with get "/app/servers/prickly_blackwell"}}
  key: {{.Key}}
  value: {{.Value}}
{{end}}
```

結果輸出：

```
/app/servers/prickly_blackwell 192.168.1.22:49162
```

❸ gets 函數

返回所有匹配的鍵值對（key-value），找不到則返回錯誤。

```
{{range gets "/app/servers/*"}}
  {{.Key}} {{.Value}}
{{end}}
```

結果輸出：

```
/app/servers/backstabbing_rosalind 192.168.1.22:49156
/app/servers/cocky_morse 192.168.1.22:49158
/app/servers/goofy_goldstine 192.168.1.22:49160
app/servers/prickly_blackwell 192.168.1.22:49162
```

❹ getv 函數

返回一個匹配鍵名（key）的字串型鍵值（value），找不到則返回錯誤。

```
{{getv "/app/servers/cocky_morse"}}
```

結果輸出：

```
192.168.1.22:49158
```

❺ getvs 函數

返回所有匹配鍵名（key）的字串型鍵值（value），找不到則返回錯誤。

```
{{range getvs "/app/servers/*"}}
  value: {{.}}
{{end}}
```

結果輸出：

```
value: 192.168.1.22:49156
value: 192.168.1.22:49158
value: 192.168.1.22:49160
value: 192.168.1.22:49162
```

❻ split 函數

對輸入的字串做 split 處理，即將字串按指定分隔符號拆分成陣列。

```
{{ $url := split (getv "/app/servers/cocky_morse") ":" }}
  host: {{index $url 0}}
  port: {{index $url 1}}
```

結果輸出：

```
host: 192.168.1.22
port: 49158
```

❼ ls 函數

返回所有的字串型 subkey，找不到則返回錯誤。

```
{{range ls "/app/servers/"}}
  subkey: {{.}}
{{end}}
```

結果輸出：

```
subkey: backstabbing_rosalind
subkey: cocky_morse
subkey: goofy_goldstine
subkey: prickly_blackwell
```

❽ lsdir 函數

返回所有的字串型子目錄，找不到則返回一個空列表。

```
{{range lsdir "/app/"}}
  subdir: {{.}}
{{end}}
```

結果輸出：

```
subdir: servers
```

更多語法介紹見 http://golang.org/pkg/text/template/。

▶ 4. 啟動 Confd 及 Haproxy 服務

下面為啟動Confd服務命令列，參數「interval」為指定探測Etcd的頻率，單位為秒，參數「-node」為指定 Etcd 監聽服務位址，以便取得容器註冊的資訊。

```
# /usr/local/bin/confd -verbose -interval 10 -node '192.168.1.21:4001'
  -confdir /etc/confd > /var/log/confd.log &
# /etc/init.d/haproxy start
```

14.3.4　容器提交註冊

前面 HECD 架構介紹，有提到容器的操作會即時註冊到 Etcd 元件中，是透過 curl

命令以 REST-API 方式提交的，下面詳細介紹透過 Shell 及 Python-API 兩種方式的
實現方法，支援容器啟動、停止的聯動。

▶ 1. Shell 腳本實現方法

實現的原理是透過取得「docker run ......」命令輸出的 Container ID，透過「docker
inspect <container ID>」得到詳細的容器資訊，分析出容器服務映射的外部埠及容
器名稱，將以「/app/servers/< 容器名稱 >」作為 Key，「< 主機 >:< 映射埠 >」
作為 Value 註冊到 Etcd 中。其中 Key 資訊首碼 /app/servers 與「/etc/confd/conf.d/
haproxy.toml」中的「keys」參數是保持一致的，完整的腳本如下：

【docker.sh】

```
#!/bin/bash
if [ -z $1 ]; then
        echo "Usage: c run <image name>:<version>"
        echo "        c stop <container name>"
        exit 1
fi
if [ -z $ETCD_HOST ]; then
  ETCD_HOST="192.168.1.21:4001" # 指定預設 Etcd 主機位址；
fi
if [ -z $ETCD_PREFIX ]; then
  ETCD_PREFIX="app/servers"      # 指定業務 Etcd key 資訊；
fi
if [ -z $CPORT ]; then
  CPORT="80"                     # 指定預設服務埠；
fi
if [ -z $FORREST_IP ]; then
  # 指定主機服務 IP 位址，如 eth0；
  FORREST_IP=ifconfig eth0 | grep "inet addr" | head -1 | cut -d : -f2 |
awk '{print $1}'
fi
```

```
# 啟動容器處理函數；
function launch_container {
    echo "Launching $1 on $FORREST_IP ..."

    # 啟動容器並獲得容器 ID；
    CONTAINER_ID=docker run -d --dns 172.17.42.1 -P -v /data:/data -v /
etc/httpd/conf:/etc/httpd/conf -v /etc/httpd/conf.d:/etc/httpd/conf.d -v /
etc/localtime:/etc/localtime:ro $1 /bin/sh -c "/usr/bin/supervisord -c /
etc/supervisord.conf"

    # 根據容器 ID 獲得容器映射的隨機埠；
    PORT=docker inspect $CONTAINER_ID |grep "\"Ports\"" -A 50 |grep
"\"$CPORT/tcp\"" -A 3 | grep HostPort |cut -d '"' -f4 |head -1

    # 根據容器 ID 獲得容器名稱；
    NAME=docker inspect $CONTAINER_ID | grep Name | cut -d '"' -f4 | sed
"s/\///g"|sed -n 2p

    # 向 Etcd 主機提交容器註冊資訊，內容包括容器服務 IP、埠及名稱；
    echo "Announcing to $ETCD_HOST..."
    curl -XPUT "http://$ETCD_HOST/v2/keys/$ETCD_PREFIX/$NAME" -d value="
$FORREST_IP:$PORT"

    echo "$1 running on Port $PORT with name $NAME"
}
function stop_container {    # 停止容器處理函數；
    echo "Stopping $1..."

    # 根據傳入的容器名獲得容器 ID
    CONTAINER_ID=docker ps -a | grep $1 | awk '{print $1}'
    echo "Found container $CONTAINER_ID"
    docker stop $CONTAINER_ID

    # Etcd 主交待刪除的 k 的 key 資訊容器名稱；
    curl -XDELETE http://$ETCD_HOST/v2/keys/$ETCD_PREFIX/$1 &> /dev/null
    echo "Stopped."
}
```

```
if [ $1 = "run" ]; then
  launch_container $2
else
  stop_container $2
fi
```

docker.sh 腳本使用方法非常簡單，只需要傳入相對的映像檔或容器名稱即可，如下：

```
啟動一個容器
# ./docker.sh run <映像檔名稱>
$ ./docker.sh run yorko/webserver:v3

停止一個容器
# ./docker.sh stop <容器名名稱>
$ ./docker.sh stop berserk_hopper
```

▶ 2. Docker-py API 實現方法

透過調用 Docker 的 Python API 可實現遠端對容器進行操作，包括容器的建立、執行、停止、映像檔管理、取得 Docker 物件相關資訊等，同時結合 Etcd 的 Python API 模組對 Etcd 進行操作，包括 set 及 delete 等，達到與 Shell 方式一樣的效果。很明顯，Docker-py 方式更容易擴展，可以無縫與現有運營平台對接。

為兼顧到遠端 API 操作支援，需對 Docker 開機檔案「exec」處進行修改，詳細內容如下：

【/etc/init.d/docker】（Ubuntu 系統預設路徑為 /etc/default/docker）

```
$ exec -H tcp://0.0.0.0:2375 -H unix:///var/run/docker.sock -d &>> $logfile &
```

為便於功能模組的引用，拆分成兩個 Python 檔，其中一個為啟動容器程式，另一個為停止容器程式，以下為完整啟動容器程式原始碼，流程分連接 Docker 主機，建立容器並啟動，最後取得該容器相關資訊註冊至 Etcd 主機。

【docker_run.py】

```python
#!/usr/local/Python/bin/python
import docker
import etcd
import sys

Etcd_ip="192.168.1.21"      # 定義 Etcd 主機位址；
Server_ip="192.168.1.22"    # 定義當前連接的主機 IP ；
App_port="80"               # 定義預設服務埠；
App_protocol="tcp"          # 定義預設服務協定；
Image="yorko/webserver:v3"  # 定義預設映像檔名；
Port=""
Name=""

idict={}
rinfo={}
try:
  # 建立主機連線物件；
  c = docker.Client(base_url='tcp://'+Server_ip+':2375',version='1.14',tim
eout=15)
except Exception,e:
  print "Connection docker server error:"+str(e)
  sys.exit()

try:
  # 調用 create_container() 方法建立容器；
  rinfo=c.create_container(image=Image,stdin_open=True,tty=True,
    command="/usr/bin/supervisord -c /etc/supervisord.conf",
    volumes=['/data','/etc/httpd/conf','/etc/httpd/conf.d','/etc/
localtime'],
    ports=[80,22],name=None
  )
```

```
  # 取得容器 ID ;
  containerId=rinfo['Id']
except Exception,e:
  print "Create docker container error:"+str(e)
  sys.exit()


try:
  # 啟動容器服務;
  c.start(container=containerId,
    binds={
      '/data':{'bind': '/data','ro': False},
      '/etc/httpd/conf':{'bind': '/etc/httpd/conf','ro': True},
      '/etc/httpd/conf.d':{'bind': '/etc/httpd/conf.d','ro': True},
      '/etc/localtime':{'bind': '/etc/localtime','ro': True}
    },
    lxc_conf=None,
    port_bindings={80:None,22:None},
    publish_all_ports=True,
    links=None,
    privileged=False,
    dns='172.17.42.1',
    dns_search=None,
    volumes_from=None,
    network_mode=None,
    restart_policy=None,
    cap_add=None,
    cap_drop=None
  )
except Exception,e:
  print "Start docker container error:" + str(e)
  sys.exit()


try:
  # 調用 inspect_container() 方法取得容器資訊;
  idict=c.inspect_container(containerId)
```

```
    Name=idict["Name"][1:]
    skey=App_port+'/'+App_protocol
    for _key in idict["NetworkSettings"]["Ports"].keys():
      if _key==skey:
          Port=idict["NetworkSettings"]["Ports"][skey][0]["HostPort"]
except Exception,e:
    print "Get docker container inspect error:"+str(e)
    sys.exit()

if Name!="" and Port!="":
    try:
      # 連接 Etcd 主機，提交容器註冊資訊；
      client = etcd.Client(host=Etcd_ip, port=4001)
      client.write('/app/servers/'+Name, Server_ip+":"+str(Port))
      print Name+" container run success!"
    except Exception,e:
      print "set etcd key error:"+str(e)
else:
    print "Get container name or port error."
```

停止容器服務完整程式如下：

【docker_stop.py】

```
#!/usr/local/Python/bin/python
import docker
import etcd
import sys

Etcd_ip="192.168.1.21"  # 定義 Etcd 主機位址；
Server_ip="192.168.1.22"  # 定義當前連接的主機 IP ；
containerName="grave_franklin" # 指定需要停止容器的名稱；

try:
```

```
  # 建立主機連線物件；
  c = docker.Client(base_url='tcp://'+Server_ip+':2375',version='1.14',tim
eout=10)

  # 調用 stop() 方法停止指定容器；
  c.stop('furious_heisenberg')
except Exception,e:
  print str(e)
  sys.exit()

try:
  # 連接 Etcd 主機，提交容器刪除請求；
  client = etcd.Client(host=Etcd_ip, port=4001)
  client.delete('/app/servers/'+containerName)
  print containerName+" container stop success!"
except Exception,e:
print str(e)
```

> **注意！**
>
> 由於容器是無狀態的，盡量讓其以鬆散的形式存在，映射埠選項要求使用 -P 參數，即使用
> 隨機埠的模式，以減少人工干預。

14.4　業務上線

截至目前，HECD 架構已部署完畢，接下來就是讓其為我們服務，案例中使用的
映像檔「yorko/webserver:v3」是一個已經建置好的「LAMP 環境」的映像檔。在
Docker Hub 中的位置是：https://hub.docker.com/r/yorko/webserver/，在主機中執行
以下命令來取得該映像檔：

```
$ docker pull yorko/webserver:v3
```

開始跑起，登入任一台主機（本範例為 192.168.1.22 主機），為便於測試，在主機容器掛載「/data」分區建立一個 index.php（主頁測試），程式碼如下：

【/data/index.php】

```
<!Doctype html><html xmlns=http://www.w3.org/1999/xhtml>
<head>
<meta http-equiv=Content-Type content="text/html;charset=utf-8"><title>我的首頁</title>
</head>
<body>
        <h1>Hello world</h1>
        <h2>當前容器：<?=gethostname();   // 輸出容器主機名稱 ?></h2>
</body>
</html>
```

再執行 docker.sh 腳本，當然也可登入一台管理機執行 Docker-py 相關腳本達到同樣效果，圖 14-3 所示為建立的三個容器截圖。

```
[root@SN2013-08-022 docker]# ./docker.sh run yorko/webserver:v3
Launching yorko/webserver:v3 on 192.168.1.22 ...
Announcing to 192.168.1.21:4001...
{"action":"set","node":{"key":"/app/servers/reverent_hypatia","value":"192.168.1.22:49160","modifiedIndex":9,"createdIndex":9}}
yorko/webserver:v3 running on Port 49160 with name reverent_hypatia
[root@SN2013-08-022 docker]#
[root@SN2013-08-022 docker]# ./docker.sh run yorko/webserver:v3
Launching yorko/webserver:v3 on 192.168.1.22 ...
Announcing to 192.168.1.21:4001...
{"action":"set","node":{"key":"/app/servers/desperate_bohr","value":"192.168.1.22:49162","modifiedIndex":10,"createdIndex":10}}
yorko/webserver:v3 running on Port 49162 with name desperate_bohr
[root@SN2013-08-022 docker]#
[root@SN2013-08-022 docker]# ./docker.sh run yorko/webserver:v3
Launching yorko/webserver:v3 on 192.168.1.22 ...
Announcing to 192.168.1.21:4001...
{"action":"set","node":{"key":"/app/servers/determined_shockley","value":"192.168.1.22:49164","modifiedIndex":11,"createdIndex":11}}
yorko/webserver:v3 running on Port 49164 with name determined_shockley
```

▲ 圖 14-3　建立容器執行結果

如圖 14-3 所示，說明已經成功啟動了 desperate_bohr、determined_shockley、reverent_hypatia 三個容器，且成功註冊至 Etcd 主機，下面我們看看 haproxy.cfg 發

生了什麼變化。如圖 14-4 所示,增加了三條 server ACL 規則(截圖框內部分),其中第二列與第三列的資訊是從 Ectd 定時抓取的,透過 Confd 範本引擎進行渲染,最終生成了圖 14-4 所示的 haproxy.cfg 設定。

```
defaults
        log 127.0.0.1 local3
        mode http
        option dontlognull
        retries 3
        option redispatch
        maxconn 2000
        contimeout  5000
        clitimeout  50000
        srvtimeout  50000

listen frontend 0.0.0.0:80
        mode http
        balance roundrobin
        maxconn 2000
        option forwardfor

        server desperate_bohr 192.168.1.22:49162 check inter 5000 fall 1 rise 2

        server determined_shockley 192.168.1.22:49164 check inter 5000 fall 1 rise 2

        server reverent_hypatia 192.168.1.22:49160 check inter 5000 fall 1 rise 2

        stats enable
        stats uri /admin-status
        stats auth admin:123456
        stats admin if TRUE
```

▲ 圖 14-4　haproxy.cfg 部分設定截圖

接下來存取接入層 Haproxy 管理位址:http://192.168.1.20/admin-status,可以看到三個容器已處正常服務狀態,且具備了負載均衡、故障遷移等功能,如圖 14-5 所示。

下面存取接入層 Web 服務位址:http://192.168.1.20/index.php,根據負載均衡策略,會顯示當前命令中的容器 ID(容器主機名稱),刷新頁面時會不定期發生變化,如圖 14-6 所示。

最後,我們再測試一下刪除容器的效果,具體操作如圖 14-7 所示。我們刪除名稱為「determined_shockley」的容器,同時腳本會將資訊提交至 Etcd 主機,刪除此容器對應的 key，以便 Confd 同時更新 haproxy.cfg 設定。

刷新 Haproxy 管理頁面，如圖 14-8 所示，發現「determined_shockley」對應的主機成員已經被刪除，測試刪除功能成功。

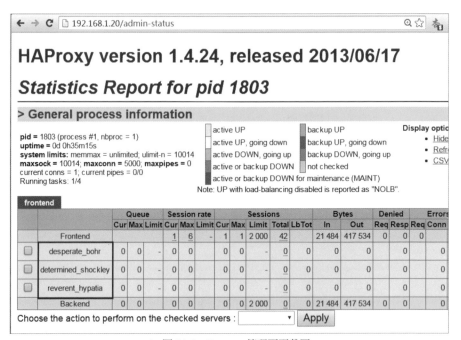

▲ 圖 14-5　Haproxy 管理頁面截圖

▲ 圖 14-6　Web 服務首頁截圖

```
[root@SN2013-08-022 docker]# ./docker.sh stop determined_shockley
Stopping determined_shockley...
Found container 9194032c4aa1
9194032c4aa1
http://192.168.1.21:4001/v2/keys/app/servers/determined_shockley
Stopped.
[root@SN2013-08-022 docker]#
```

▲ 圖 14-7 刪除容器命令截圖

frontend		Queue			Session rate			Sessions				Bytes		Denied	
		Cur	Max	Limit	Cur	Max	Limit	Cur	Max	Limit	Total	LbTot	In	Out	Req	Resp
	Frontend				1	1	-	1	1	2 000	1		0	0	0	0
☐	desperate_bohr	0	0	-	0	0		0	0	-	0	0	0	0		0
☐	reverent_hypatia	0	0	-	0	0		0	0	-	0	0	0	0		0
	Backend	0	0		0	0		0	0	2 000	0	0	0	0	0	0

Choose the action to perform on the checked servers : ▼ Apply

▲ 圖 14-8 刪除後 Haproxy 管理頁截圖

注意！

· 14.2 節架構參考：
http://ox86.tumblr.com/post/90554410668/easy-scaling-with-docker-haproxy-and-confd
· 14.3.4 節 docker.sh 腳本參考：
https://github.com/AVGP/forrest/blob/master/forrest.sh

14.5 本章小結

本章說明 Haproxy、Etcd、Confd 三個元件，如何與 Docker 進行結合，實現一個具備高可用性及自動探查的服務架構，筆者約定該架構為「HECD」，同時介紹了該架構的技術特點及實現原理，包括環境的部署、設定及常規操作，最後介紹流行的「LAMP」環境是如何應用該架構實現線上服務的。「HECD」架構比較適合中、小型服務叢集，技術門檻相對較低。對於編排要求更高且服務叢集規模較大的，筆者強烈推薦使用 Kubernetes，相關內容請閱讀第 13 章內容。

## CHAPTER 15

Docker
Overlay Network 實踐

從 1.9 版本開始，Docker 開始支援 Overlay Network，解決了跨主機通訊的問題。在這之前，Docker 本身沒有一種好的跨主機通訊方案，只能透過許多第三方工具來解決，如 weave、flannel 等。本章主要介紹 Docker 自身的 Overlay Network 的實現。

15.1 環境介紹

三台主機：

```
node1 172.17.42.40
node2 172.17.42.41
node3 172.17.42.42
```

其中 node1 和 node2 作為 Docker 容器的主機，在 node3 上執行 Etcd。

Linux 核心版本：

```
[root@node1 ~]# uname -a
Linux node1 4.3.3-1.el6.elrepo.x86_64
```

Docker 版本：

```
[root@node1 ~]# docker version
Client:
```

```
   Version:        1.10.1
   API version:    1.22
   Go version:     go1.5.3
   Git commit:     9e83765
   Built:          Thu Feb 11 20:39:58 2016
   OS/Arch:        linux/amd64

Server:
   Version:        1.10.1
   API version:    1.22
   Go version:     go1.5.3
   Git commit:     9e83765
   Built:          Thu Feb 11 20:39:58 2016
   OS/Arch:        linux/amd64
```

15.2　容器與容器之間通訊

15.2.1　啟動 Docker daemon（Docker 守護行程）

在 node1 和 node2 上啟動 Docker：

```
# /usr/bin/dockerd \
  --cluster-store=etcd://172.17.42.43:2379 \
  --cluster-advertise=eth0:2376
```

- --cluster-store= 參數指向 Docker daemon 所使用 key-value service 的位址。
- --cluster-advertise= 參數決定了所使用網卡及 Docker daemon 埠資訊。

當 Docker daemon 啟動後，會自動建立三個網路：bridge、host、none。

```
[root@node1 ~]# docker network ls
NETWORK ID          NAME                DRIVER
2b2961121f3c        bridge              bridge
adf6d1b8cda1        none                null
```

```
8263553e76e4          host                 host
[root@node2 ~]# docker network ls
NETWORK ID            NAME                 DRIVER
0fc8ed04cbee          bridge               bridge
b6f4e21451d2          none                 null
5875c84936d8          host                 host
```

15.2.2 建立網路

在 node1 上建立一個名為「overlay」的 Overlay 網路,網路使用的網段為 192.168.10.0/24:

```
[root@node1 ~]# docker network create --internal -d overlay \
--subnet=192.168.10.0/24 overlay
1dc144293a1186332d485924fc951d27ed200dfdfd409fc31765093be0b928f0
```

網路資訊會自動同步到 node2:

```
[root@node2 ~]# docker network ls
NETWORK ID            NAME                 DRIVER
1dc144293a11          overlay              overlay
0fc8ed04cbee          bridge               bridge
b6f4e21451d2          none                 null
5875c84936d8          host                 host
```

查看網路資訊:

```
[root@node1 ~]# docker network inspect overlay
[
  {
    "Name": "overlay",
    "Id": "1dc144293a1186332d485924fc951d27ed200dfdfd409fc31765093be0b92
8f0",
```

```
      "Scope": "global",
      "Driver": "overlay",
      "IPAM": {
        "Driver": "default",
        "Options": null,
        "Config": [
          {
            "Subnet": "192.168.10.0/24"
          }
        ]
      },
      "Containers": {},
      "Options": {}
    }
  ]
```

15.2.3 啟動容器

在 node1 和 node2 上各啟動一個容器：

```
[root@node1 ~]# docker run --net=overlay -itd  --name='vm1' rastasheep/
ubuntu-sshd
305ad9368b0933638899eeaa1cc480393ffd378d5591ae27bdc7f08e24241765


[root@node2 ~]# docker run --net=overlay -itd  --name='vm2' rastasheep/
ubuntu-sshd
315d6bc52bdd1201d9b9bec4ea3a7542df0c8206f585434d60eaa7f483cf2558
```

容器 vm1 的網路資訊：

```
[root@node1 ~]# docker exec vm1 ip a
1: lo: <LOOPBACK,UP,LOWER_UP> mtu 65536 qdisc noqueue state UNKNOWN
    link/loopback 00:00:00:00:00:00 brd 00:00:00:00:00:00
    inet 127.0.0.1/8 scope host lo
```

```
        valid_lft forever preferred_lft forever
     inet6 ::1/128 scope host
        valid_lft forever preferred_lft forever
31: eth0@if32: <BROADCAST,MULTICAST,UP,LOWER_UP,M-DOWN> mtu 1450 qdisc
noqueue state UP
   link/ether 02:42:c0:a8:0a:02 brd ff:ff:ff:ff:ff:ff
   inet 192.168.10.2/24 scope global eth0
     valid_lft forever preferred_lft forever
   inet6 fe80::42:c0ff:fea8:a02/64 scope link
     valid_lft forever preferred_lft forever

[root@node1 ~]# docker inspect vm1
[
   ......
   "NetworkSettings": {
     "Bridge": "",
     "SandboxID": "3d53b1063c52fe5ceaaee204fc98641c8d8e95cb701589038f14213d
e3f75fbe",
     "HairpinMode": false,
     "LinkLocalIPv6Address": "",
     "LinkLocalIPv6PrefixLen": 0,
     "Ports": {},
     "SandboxKey": "/var/run/docker/netns/3d53b1063c52",
     "SecondaryIPAddresses": null,
     "SecondaryIPv6Addresses": null,
     "EndpointID": "",
     "Gateway": "",
     "GlobalIPv6Address": "",
     "GlobalIPv6PrefixLen": 0,
     "IPAddress": "",
     "IPPrefixLen": 0,
     "IPv6Gateway": "",
     "MacAddress": "",
     "Networks": {
       "overlay": {
```

```
        "IPAMConfig": null,
        "Links": null,
        "Aliases": null,
        "NetworkID": "1dc144293a1186332d485924fc951d27ed200dfdfd409fc31765
093be0b928f0",
        "EndpointID": "a5a97a57db307af2d5166b75186148eb3df59a254c1bd4c0fc1
b9b579009971b",
        "Gateway": "",
        "IPAddress": "192.168.10.2",
        "IPPrefixLen": 24,
        "IPv6Gateway": "",
        "GlobalIPv6Address": "",
        "GlobalIPv6PrefixLen": 0,
        "MacAddress": "02:42:c0:a8:0a:02"
      }
    }
  }
]
```

容器 vm2 的網路資訊：

```
[root@node2 ~]# docker exec vm2 ip a
1: lo: <LOOPBACK,UP,LOWER_UP> mtu 65536 qdisc noqueue state UNKNOWN
  link/loopback 00:00:00:00:00:00 brd 00:00:00:00:00:00
  inet 127.0.0.1/8 scope host lo
    valid_lft forever preferred_lft forever
  inet6 ::1/128 scope host
    valid_lft forever preferred_lft forever
31: eth0@if32: <BROADCAST,MULTICAST,UP,LOWER_UP,M-DOWN> mtu 1450 qdisc
noqueue state UP
  link/ether 02:42:c0:a8:0a:03 brd ff:ff:ff:ff:ff:ff
  inet 192.168.10.3/24 scope global eth0
    valid_lft forever preferred_lft forever
  inet6 fe80::42:c0ff:fea8:a03/64 scope link
    valid_lft forever preferred_lft forever
```

```
[root@node2 ~]# docker inspect vm2
[
  ......
  "NetworkSettings": {
    "Bridge": "",
    "SandboxID": "19722a2038754e329f5313bd8366c1a765a83d56af07e9915d58e1da
d7dbcde8",
    "HairpinMode": false,
    "LinkLocalIPv6Address": "",
    "LinkLocalIPv6PrefixLen": 0,
    "Ports": {},
    "SandboxKey": "/var/run/docker/netns/19722a203875",
    "SecondaryIPAddresses": null,
    "SecondaryIPv6Addresses": null,
    "EndpointID": "",
    "Gateway": "",
    "GlobalIPv6Address": "",
    "GlobalIPv6PrefixLen": 0,
    "IPAddress": "",
    "IPPrefixLen": 0,
    "IPv6Gateway": "",
    "MacAddress": "",
    "Networks": {
      "overlay": {
        "IPAMConfig": null,
        "Links": null,
        "Aliases": null,
        "NetworkID": "1dc144293a1186332d485924fc951d27ed200dfdfd409fc31765
093be0b928f0",
        "EndpointID": "7123c69e51ad43fc4d7a5ffc9167ff8c07b691190988b90eaa861
28e1b005bb5",
        "Gateway": "",
        "IPAddress": "192.168.10.3",
        "IPPrefixLen": 24,
```

```
        "IPv6Gateway": "",
        "GlobalIPv6Address": "",
        "GlobalIPv6PrefixLen": 0,
        "MacAddress": "02:42:c0:a8:0a:03"
      }
    }
  }
]
```

可以看到，容器 vm1 的 IP 為 192.168.10.2/24，vm2 的 IP 為 192.168.10.3/24。從 vm1 存取 vm2：

```
[root@node1 ~]# docker exec vm1 ping -c 3 192.168.10.3
PING 192.168.10.3 (192.168.10.3) 56(84) bytes of data.
64 bytes from 192.168.10.3: icmp_seq=1 ttl=64 time=0.355 ms
64 bytes from 192.168.10.3: icmp_seq=2 ttl=64 time=0.270 ms
64 bytes from 192.168.10.3: icmp_seq=3 ttl=64 time=0.240 ms

--- 192.168.10.3 ping statistics ---
3 packets transmitted, 3 received, 0% packet loss, time 1999ms
rtt min/avg/max/mdev = 0.240/0.288/0.355/0.050 ms
```

15.3 Docker 的 VXLAN 實現

Docker 自身的 Overlay Network 是基於 VXLAN 實現的。VXLAN 協定是一個隧道協定（Tunneling Protocol），設計出來是為了解決 VLAN ID（只有 4096 個）不夠用的問題。VXLAN ID 有三個位元組（24bit），最多可以支援 16,777,216 個隔離的 VXLAN 網路。

VXLAN 將乙太網路封包封裝在 UDP 中，並使用物理網路的 IP/MAC 作為 outer-header 進行封裝，然後在物理網路上傳輸，到達目的地後由隧道端點解封並將資料發送給目的機器。這些對封包做封裝和解封的隧道端點被稱為 VTEP（Vlan Transport End Point）。對於 Docker 容器，主機 Host 即為 VTEP。

15.3.1 VXLAN 訊框結構

VXLAN 訊框（frame）的格式如下：

Outer Ethernet header	Outer IP header	Outer UDP header	VXLAN header	Inner Ethernet header	Inner IP header	Inner TCP/UDP header	data

我們可以在 node2 上透過 tcpdump 抓取 vm1 發送到 vm2 的封包：

No.	Time	Source	Destination	Protocol	Length	Info
→ 1	0.000000	192.168.10.2	192.168.10.3	ICMP	148	Echo (ping) request
← 2	0.000146	192.168.10.3	192.168.10.2	ICMP	148	Echo (ping) reply
3	0.999847	192.168.10.2	192.168.10.3	ICMP	148	Echo (ping) request
4	0.999929	192.168.10.3	192.168.10.2	ICMP	148	Echo (ping) reply
5	1.999843	192.168.10.2	192.168.10.3	ICMP	148	Echo (ping) request
6	1.999931	192.168.10.3	192.168.10.2	ICMP	148	Echo (ping) reply

```
▶ Frame 1: 148 bytes on wire (1184 bits), 148 bytes captured (1184 bits)
▶ Ethernet II, Src: 52:54:60:11:02:01 (52:54:60:11:02:01), Dst: 52:54:60:11:02:02 (52:54:60:11:02:02)
▶ Internet Protocol Version 4, Src: 172.17.42.40, Dst: 172.17.42.41
▶ User Datagram Protocol, Src Port: 37390 (37390), Dst Port: 4789 (4789)
▼ Virtual eXtensible Local Area Network
  ▶ Flags: 0x0800, VXLAN Network ID (VNI)
    Group Policy ID: 0
    VXLAN Network Identifier (VNI): 256
    Reserved: 0
▶ Ethernet II, Src: 02:42:c0:a8:0a:02 (02:42:c0:a8:0a:02), Dst: 02:42:c0:a8:0a:03 (02:42:c0:a8:0a:03)
▶ Internet Protocol Version 4, Src: 192.168.10.2, Dst: 192.168.10.3
▶ Internet Control Message Protocol
```

15.3.2 Docker 內部實現

Docker 會為每個 Overlay Network 建立一個獨立的網路命名空間（network namespace），名稱為 1-$ID 的形式：

```
[root@node1 ~]# ip netns ls
1-1dc144293a

[root@node1 ~]#ip netns exe 1-1dc144293a ip a
1: lo: <LOOPBACK,UP,LOWER_UP> mtu 65536 qdisc noqueue state UNKNOWN
  link/loopback 00:00:00:00:00:00 brd 00:00:00:00:00:00
    inet 127.0.0.1/8 scope host lo
```

```
    valid_lft forever preferred_lft forever
      inet6 ::1/128 scope host
    valid_lft forever preferred_lft forever
2: br0: <BROADCAST,MULTICAST,UP,LOWER_UP> mtu 1450 qdisc noqueue state UP
  link/ether 0a:6a:d9:51:9d:9a brd ff:ff:ff:ff:ff:ff
  inet 192.168.10.1/24 scope global br0
    valid_lft forever preferred_lft forever
  inet6 fe80::cc37:d6ff:feb8:c7c0/64 scope link
    valid_lft forever preferred_lft forever
30: vxlan1: <BROADCAST,MULTICAST,UP,LOWER_UP> mtu 1500 qdisc noqueue
master br0 state UNKNOWN
  link/ether ea:84:00:ba:dd:52 brd ff:ff:ff:ff:ff:ff
  inet6 fe80::e884:ff:feba:dd52/64 scope link
    valid_lft forever preferred_lft forever
32: veth2@if31: <BROADCAST,MULTICAST,UP,LOWER_UP> mtu 1450 qdisc noqueue
master br0 state UP
  link/ether 0a:6a:d9:51:9d:9a brd ff:ff:ff:ff:ff:ff
  inet6 fe80::86a:d9ff:fe51:9d9a/64 scope link
    valid_lft forever preferred_lft forever

[root@node1 ~]# ip netns exe 1-1dc144293a brctl show
bridge name      bridge id           STP enabled     interfaces
br0              8000.0a6ad9519d9a   no              veth2
                                                     vxlan1
```

其中，veth2 連接容器內部的 Veth 網路設備（eth0）。vxlan1 為 VXLAN 設備，負責 VXLAN 協定的封裝和解封。

```
[root@node1 ~]# ip netns exe 1-1dc144293a ip -d link show vxlan1
30: vxlan1: <BROADCAST,MULTICAST,UP,LOWER_UP> mtu 1500 qdisc noqueue
master
br0 state UNKNOWN mode DEFAULT
  link/ether ea:84:00:ba:dd:52 brd ff:ff:ff:ff:ff:ff promiscuity 1
vxlan id 256 srcport 0 0 dstport 4789 proxy l2miss l3miss ageing 300
```

整體網路結構如下：

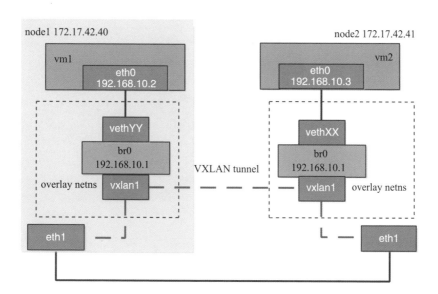

15.3.3 Linux VXLAN 設備

前面的章節已經介紹了 Docker 是透過 Linux 核心的 VXLAN 設備實現 VXLAN 協定的封裝和解封。在這裡，VXLAN 需要解決兩個核心的問題。

❶ Overlay Network 的 ARP 廣播問題

當容器 vm1（192.168.10.2）想存取容器 vm2（192.168.10.3）時，首先就是向二層網路發送 ARP 廣播請求，取得 192.168.10.3 對應的 MAC 位址。

VXLAN 的思路是求助於三層組播。道理很簡單，每個 VNI 對應於一個 IPv4 三層的組播位址，然後相關的 VTEP 必須加入到此組播位址中去。當 VTEP 發現某個封包的 DMAC 是廣播位址時，目的 IP 被設成此 VNI 對應的三層組播位址。這樣所有相關的 VTEP 節點都會收到此封包。但這要求下層物理網路支援 IP 組播。

實際上，我們可以給 VXLAN 設備設定 IP/MAC 映射關係，這樣就不需要下層的 IP 組播網路了。Docker 採用的正是這種方式：

```
[root@node1 ~]# ip netns exe 1-1dc144293a ip neigh show dev vxlan1
192.168.10.3 lladdr 02:42:c0:a8:0a:03 PERMANENT
```

❷ 確定目標 VTEP

解決了 ARP 問題，當 node1 上的 VXLAN 設備收到 vm1 發送的（MAC2，
MAC1）資料幀時，它需要知道 MAC2 對應的目標 VTEP，即 node2。

實際上，VXLAN 內部維護了一張 <MAC,VTEP> 的轉發表（FDB）。Docker 在建
立容器 vm2 時，就會將容器對應的 MAC 位址和 Host IP 資訊，即 <MAC2,node2>
加到轉發表中。

```
[root@node1 ~]# ip netns exe 1-1dc144293a bridge fdb show dev vxlan1
ea:84:00:ba:dd:52 permanent
ea:84:00:ba:dd:52 vlan 1 permanent
02:42:c0:a8:0a:03 dst 172.17.42.41 self permanent
```

15.4 容器存取外部網路

前面介紹了容器與容器之間的通訊，很多時候，容器還需要與外部網路通訊。但是，
Overlay 網路是無法直接與外部網路通訊的。假設容器 vm1（192.168.10.2）需要存
取外部主機，例如 node3（172.17.42.43），我們可以將 vm1 加入 bridge 網路，然
後透過 node1 上的 NAT 實現與 node3 的通訊。

```
[root@node1 ~]# docker network inspect bridge
[
  {
    "Name": "bridge",
    "Id": "5b7e8f106bfd5d29b05a10583756ba3328a29c82436e139a6b2085a645eb
8f28",
    "Scope": "local",
    "Driver": "bridge",
    "IPAM": {
```

```
      "Driver": "default",
      "Options": null,
      "Config": [
        {
          "Subnet": "172.18.0.0/16",
          "Gateway": "172.18.0.1"
        }
      ]
    },
    "Containers": {},
    "Options": {
      "com.docker.network.bridge.default_bridge": "true",
      "com.docker.network.bridge.enable_icc": "true",
      "com.docker.network.bridge.enable_ip_masquerade": "true",
      "com.docker.network.bridge.host_binding_ipv4": "0.0.0.0",
      "com.docker.network.bridge.name": "docker0",
      "com.docker.network.driver.mtu": "1500"
    }
  }
]


[root@node1 ~]# docker network connect bridge vm1
[root@node1 ~]# docker exec vm1 ip a
1: lo: <LOOPBACK,UP,LOWER_UP> mtu 65536 qdisc noqueue state UNKNOWN
  link/loopback 00:00:00:00:00:00 brd 00:00:00:00:00:00
  inet 127.0.0.1/8 scope host lo
    valid_lft forever preferred_lft forever
  inet6 ::1/128 scope host
    valid_lft forever preferred_lft forever
31: eth0@if32: <BROADCAST,MULTICAST,UP,LOWER_UP,M-DOWN> mtu 1450 qdisc
noqueue state UP
  link/ether 02:42:c0:a8:0a:02 brd ff:ff:ff:ff:ff:ff
  inet 192.168.10.2/24 scope global eth0
    valid_lft forever preferred_lft forever
  inet6 fe80::42:c0ff:fea8:a02/64 scope link
```

```
    valid_lft forever preferred_lft forever
33: eth1@if34: <BROADCAST,MULTICAST,UP,LOWER_UP,M-DOWN> mtu 1500 qdisc
noqueue state UP
  link/ether 02:42:ac:12:00:02 brd ff:ff:ff:ff:ff:ff
  inet 172.18.0.2/16 scope global eth1
    valid_lft forever preferred_lft forever
  inet6 fe80::42:acff:fe12:2/64 scope link
    valid_lft forever preferred_lft forever
```

可以看到，當我們將容器 vm1 加入網路 bridge 後，容器 vm1 內部多了一個 eth1
（172.18.0.2），然後存取 node3：

```
[root@node1 ~]# docker exec vm1 ping -c 3 172.17.42.43
PING 172.17.42.43 (172.17.42.43) 56(84) bytes of data.
64 bytes from 172.17.42.43: icmp_seq=1 ttl=63 time=0.246 ms
64 bytes from 172.17.42.43: icmp_seq=2 ttl=63 time=0.177 ms
64 bytes from 172.17.42.43: icmp_seq=3 ttl=63 time=0.221 ms

--- 172.17.42.43 ping statistics ---
3 packets transmitted, 3 received, 0% packet loss, time 1999ms
rtt min/avg/max/mdev = 0.177/0.214/0.246/0.033 ms
```

網路結構大致如下：

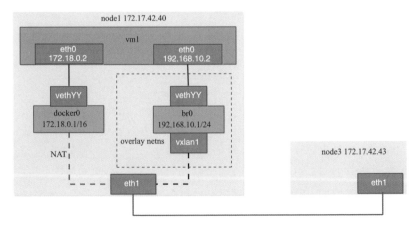

15.5 外部網路存取容器

如果我們想建立一個執行 Nginx 的容器 vm3，而且希望可以同時從外部網路主機
（如 node3）和內部 Overlay 網路的容器（如 vm1）存取，那麼該如何實現呢？

我們可以先透過 bridge 網路實現外部網路存取 vm3：

```
[root@node2 ~]# docker run --net=bridge -itd -p 172.17.42.41:8080:80
--name='vm3' nginx:latest
1401d69084c7467c4b9308fb75c3ee674d081f45e5d42f22984b4e2944cb7a65

[root@node2 ~]# docker exec vm3 ip a
1: lo: <LOOPBACK,UP,LOWER_UP> mtu 65536 qdisc noqueue state UNKNOWN group
default
  link/loopback 00:00:00:00:00:00 brd 00:00:00:00:00:00
  inet 127.0.0.1/8 scope host lo
    valid_lft forever preferred_lft forever
  inet6 ::1/128 scope host
    valid_lft forever preferred_lft forever
37: eth0@if38: <BROADCAST,MULTICAST,UP,LOWER_UP> mtu 1500 qdisc noqueue
state UP group default
  link/ether 02:42:ac:12:00:03 brd ff:ff:ff:ff:ff:ff
  inet 172.18.0.3/16 scope global eth0
    valid_lft forever preferred_lft forever
  inet6 fe80::42:acff:fe12:3/64 scope link
    valid_lft forever preferred_lft forever

[root@node2 ~]# iptables -t nat -nvL
Chain DOCKER (2 references)
pkts bytes  target  prot  opt  in      out  source      destination
   0     0  DNAT    tcp   --   !docker0 *   0.0.0.0/0   172.17.42.41 tcp
dpt:8080 to:172.18.0.3:80
```

我們將 Nginx 的 80 埠映到 node2 上的 8080 埠，嘗試從 node3 存取：

```
[root@node3 ~]# curl -s http://172.17.42.41:8080
<!DOCTYPE html>
<html>
<head>
<title>Welcome to nginx!</title>
<style>
body {
width: 35em;
margin: 0 auto;
font-family: Tahoma, Verdana, Arial, sans-serif;
  }
</style>
</head>
<body>
<h1>Welcome to nginx!</h1>
<p>If you see this page, the nginx web server is successfully installed
and
working. Further configuration is required.</p>

<p>For online documentation and support please refer to
<a href="http://nginx.org/">nginx.org</a>.<br/>
Commercial support is available at
<a href="http://nginx.com/">nginx.com</a>.</p>

<p><em>Thank you for using nginx.</em></p>
</body>
```

然後我們將 vm3 加入 overlay 的網路：

```
[root@node2 ~]# docker network connect overlay vm3
[root@node2 ~]# docker exec vm3 ip a
1: lo: <LOOPBACK,UP,LOWER_UP> mtu 65536 qdisc noqueue state UNKNOWN group
default
link/loopback 00:00:00:00:00:00 brd 00:00:00:00:00:00
```

```
inet 127.0.0.1/8 scope host lo
valid_lft forever preferred_lft forever
inet6 ::1/128 scope host
valid_lft forever preferred_lft forever
37: eth0@if38: <BROADCAST,MULTICAST,UP,LOWER_UP> mtu 1500 qdisc noqueue
state UP group default
link/ether 02:42:ac:12:00:03 brd ff:ff:ff:ff:ff:ff
inet 172.18.0.3/16 scope global eth0
valid_lft forever preferred_lft forever
  inet6 fe80::42:acff:fe12:3/64 scope link
valid_lft forever preferred_lft forever
39: eth1@if40: <BROADCAST,MULTICAST,UP,LOWER_UP> mtu 1450 qdisc noqueue
state UP group default
link/ether 02:42:c0:a8:0a:04 brd ff:ff:ff:ff:ff:ff
inet 192.168.10.4/24 scope global eth1
valid_lft forever preferred_lft forever
  inet6 fe80::42:c0ff:fea8:a04/64 scope link
valid_lft forever preferred_lft forever
```

然後我們就可以從 vm1 存取 vm3 的 Nginx 服務了：

```
[root@node1 ~]# docker exec vm1 curl -s http://192.168.10.4
<!DOCTYPE html>
<html>
<head>
<title>Welcome to nginx!</title>
<style>
body {
width: 35em;
margin: 0 auto;
font-family: Tahoma, Verdana, Arial, sans-serif;
  }
</style>
</head>
```

```
<body>
<h1>Welcome to nginx!</h1>
<p>If you see this page, the nginx web server is successfully installed
and
working. Further configuration is required.</p>

<p>For online documentation and support please refer to
<a href="http://nginx.org/">nginx.org</a>.<br/>
Commercial support is available at
<a href="http://nginx.com/">nginx.com</a>.</p>

<p><em>Thank you for using nginx.</em></p>
</body>
</html>
```

主要參考：https://docs.docker.com/engine/userguide/networking/dockernetworks/

15.6　本章小結

本章主要介紹了 Docker 最新的一些網路特性 Overlay Network，以及 Overlay Network 如何與原有網路的互相通訊等問題。Docker 的原有網路方案（bridge）一直廣為詬病，Docker 自己對 Overlay Network 寄予厚望，希望透過 Overlay Network 解決 bridge 的一些問題。

PART **4**
原始碼探索篇

## CHAPTER 16

Docker
原始碼探索

但凡比較活躍的開源專案，它的程式碼品質也一定很高。因為只有程式碼易於閱讀，易於修改，才會有更多的開發者參與到專案中，修改和提交程式碼。像 Docker 這麼熱門的開源專案，把它使用好是一方面；如果能深入程式碼，不僅可以讓你深入透徹瞭解 Docker，還可以學習如何用 Golang 編寫大型專案的經驗本章將從 Docker 的原始程式碼入手，講解如何修改原始碼，如何對 Docker 原始程式進行除錯。

16.1　Docker 原始碼目錄結構

審註

Docker 公司於 DockerCon 17 時宣布，將 Docker 產品 (docker-ce、docker-ee) 與 Docker 開源專案分開，並把 Docker 開源專案重新命名為 Moby，故有關 Github 上 docker/docker 倉庫的連結，全部轉為 moby/moby。

Docker 最新的原始碼可以在 https://github.com/moby/moby 上取得，選擇 master 分支。

大家可以在 Github 上直接閱讀原始程式碼，也可以下載到自己的電腦上，根據個人喜好，選擇合適的程式碼閱讀工具。這裡推薦在 sourcegraph.com 上閱讀，使用 sourcegraph 的優勢：

- 簡單易用：線上瀏覽，不需要做任何設定。
- 便捷：滑鼠放到程式碼上，就可以查看文件、函式定義和使用範例。

Docker 在 SourceGraph 上的閱讀網址如下：

https://sourcegraph.com/github.com/moby/moby

> **審註**
>
> 本章編寫時，版本應為 1.6.x 或以下。在比較新的版本，專案結構或有所更動，所以為了符合原作的講解，在本章請使用 1.6.2 版或更早的程式碼作搭配。所以在 Github 請選擇 Tag v1.6.2：https://github.com/moby/moby/tree/v1.6.2，而不是 master。SourceGraph 請使用這個網址：https://sourcegraph.com/github.com/moby/moby@v1.6.2。

在 Docker 的根目錄下，主要目錄和檔案說明如下：

- Dockerfile、Dockerfile.xxxx：建置 Docker 原始碼的編譯環境。

- Makefile：原始碼編譯指令。

- MAINTAINERS：Docker 主要維護人員，是 Docker 的權威並決定 Docker 的走向，他們的言論和觀點需要引起大家足夠的重視，尤其是 Solomon Hykes，他是 Docker 的發起人。

- AUTHORS：Docker 程式碼貢獻者。

- CHANGELOG.md：列出每個版本修改的內容。

- LICENSE：表示 Moby 專案使用 Apache License 2.0 授權協定。

▶ 1. Docker 目錄

在 Docker 資料夾下，主要的檔案及函數如下：

- docker.go：整個專案的入口 func main()，但它不是最先被調用的。在 Golang 中，init 函數先於 main 函數自動被調度。main 函數：主要執行各個子模組 init 函數中定義的指令（reexec.Init()）和參數解析（flag.Parse()）。

- flags.go：包含 init 函數，定義 Docker 的 server 和 client 共有部分的參數解析，主要是日誌級別和憑證路徑。

- daemon.go Docker 的 server 端處理邏輯：包含 init 函數，調用 daemon/config.go 中 InstallFlags()，它定義 Docker server 特有參數的解析。

在這裡，我們解釋一下容易混淆的兩個函數 func init() 與 func Init() 的區別：

- init() 是 init 函數，先於 main 函數自動被調度。

- Init() 是模組定義的普通函數，可以被其他函式呼叫。

在這裡，簡單補充一下 Golang 語言中 init 函數知識，它對找到 Docker 原始碼的入口函數很有幫助。init 函數用於套件（package）的初始化，該函數是 Golang 語言的一個重要特性，它具有如下特徵：

- init 函數是用於程式執行前做套件的初始化的函數，如初始化套件裡的變數等。

- 每個套件可以擁有多個 init 函數。

- 套件的每個原始檔案也可以擁有多個 init 函數。

- 同一個套件中多個 init 函數的執行順序 go 語言沒有明確的定義（說明）。

- 不同套件的 init 函數按照套件導入的依賴關係決定該初始化函數的執行順序。

- init 函數不能被其他函式呼叫，而是在 main 函數執行之前自動被調用。

▶ 2. daemon 目錄

在 daemon 資料夾下，主要的檔案及函數如下：

- config.go：Docker daemon（Docker 守護行程）啟動參數。

- daemon.go：守護行程。

- monitor.go：containerMonitor 監控容器主行程的執行情況。如果執行 restart，containerMonitor 要確保主行程 restart；如果是 stopped，要確保重設或清除容器相關資源，如釋放分配的網路資源和 umount 容器 rootfs（根檔案系統）。

- container.go：cleanup() 函數清除 networking 和 mounts；toDisk() 函數 dump 容器的狀態到磁碟。

▶ 3. image 目錄

在 image.go 檔案中限定映像檔的最多層數是 127。

```
MaxImageDepth = 127
```

▶ 4. api 目錄

在 server/server.go 參數 API 入口,以 job 的形式執行。針對每一種 job,對它初始化,設定操作物件(如容器名)、參數、環境變數、標準輸入、標準輸出和錯誤輸出。

取得參數方式:

```
image = r.Form.Get("fromImage")
```

設定 job 的環境變數:

```
job = eng.Job("commit", r.Form.Get("container"))
job.Setenv("repo", r.Form.Get("repo"))
job.SetenvJson("metaHeaders", metaHeaders)
```

func getImagesSearch():查詢 image 的函數。修改程式碼,支援選擇查詢的倉庫。

```
func createRouter():

"GET": {
  "/_ping":                ping,
  "/events":               getEvents,
  "/info":                 getInfo,
  "/version":              getVersion,
  "/images/json":          getImagesJSON,
  "/images/viz":           getImagesViz,
  "/images/search":        getImagesSearch,
  "/images/get":           getImagesGet,
  "/images/{name:.*}/get": getImagesGet,
```

```
    "/images/{name:.*}/history":      getImagesHistory,
    "/images/{name:.*}/json":         getImagesByName,
    "/containers/ps":                 getContainersJSON,
    "/containers/json":               getContainersJSON,
    "/containers/{name:.*}/export":   getContainersExport,
    "/containers/{name:.*}/changes":  getContainersChanges,
    "/containers/{name:.*}/json":     getContainersByName,
    "/containers/{name:.*}/top":      getContainersTop,
    "/containers/{name:.*}/logs":     getContainersLogs,
    "/containers/{name:.*}/attach/ws": wsContainersAttach,
    "/exec/{id:.*}/json":             getExecByID,
},
"POST": {
    "/auth":                          postAuth,
    "/commit":                        postCommit,
    "/build":                         postBuild,
    "/images/create":                 postImagesCreate,
    "/images/load":                   postImagesLoad,
    "/images/{name:.*}/push":         postImagesPush,
    "/images/{name:.*}/tag":          postImagesTag,
    "/containers/create":             postContainersCreate,
    "/containers/{name:.*}/kill":     postContainersKill,
    "/containers/{name:.*}/pause":    postContainersPause,
    "/containers/{name:.*}/unpause":  postContainersUnpause,
    "/containers/{name:.*}/restart":  postContainersRestart,
    "/containers/{name:.*}/start":    postContainersStart,
    "/containers/{name:.*}/stop":     postContainersStop,
    "/containers/{name:.*}/wait":     postContainersWait,
    "/containers/{name:.*}/resize":   postContainersResize,
    "/containers/{name:.*}/attach":   postContainersAttach,
    "/containers/{name:.*}/copy":     postContainersCopy,
    "/containers/{name:.*}/exec":     postContainerExecCreate,
    "/exec/{name:.*}/start":          postContainerExecStart,
    "/exec/{name:.*}/resize":         postContainerExecResize,
```

```
},
"DELETE": {
  "/containers/{name:.*}": deleteContainers,
  "/images/{name:.*}":     deleteImages,
},
"OPTIONS": {
  "": optionsHandler,
},
......
```

效能資料的使用：

```go
func AttachProfiler(router *mux.Router) {
  router.HandleFunc("/debug/vars", expvarHandler)
  router.HandleFunc("/debug/pprof/", pprof.Index)
  router.HandleFunc("/debug/pprof/cmdline", pprof.Cmdline)
  router.HandleFunc("/debug/pprof/profile", pprof.Profile)
  router.HandleFunc("/debug/pprof/symbol", pprof.Symbol)
  router.HandleFunc("/debug/pprof/block", pprof.Handler("block").
ServeHTTP)
  router.HandleFunc("/debug/pprof/heap", pprof.Handler("heap").ServeHTTP)
  router.HandleFunc("/debug/pprof/goroutine", pprof.Handler("goroutine").
ServeHTTP)
  router.HandleFunc("/debug/pprof/threadcreate", pprof.
Handler("threadcreate").ServeHTTP)
}
```

▶ 5. 常用變數

摘自 daemon/daemon.go，容器命名規則。

```
validContainerNameChars = [a-zA-Z0-9][a-zA-Z0-9_.-]
```

新建立的容器預設使用的 DNS 如下：

```
DefaultDns              = []string{"8.8.8.8", "8.8.4.4"}
```

▶ 6. 常用結構體

摘自 daemon/daemon.go。

```
type Daemon struct {
  ID              string
  repository      string
  sysInitPath     string
  containers      *contStore
  execCommands    *execStore
  graph           *graph.Graph
  repositories    *graph.TagStore
  idIndex         *truncindex.TruncIndex
  sysInfo         *sysinfo.SysInfo
  volumes         *volumes.Repository
  eng             *engine.Engine
  config          *Config
  containerGraph  *graphdb.Database
  driver          graphdriver.Driver
  execDriver      execdriver.Driver
  trustStore      *trust.TrustStore
}
```

▶ 7. 常用的對應關係

摘自 daemon/daemon.go，daemon 關鍵字對應的函數如下：

```
for name, method := range map[string]engine.Handler{
    "attach":             daemon.ContainerAttach,
    "commit":             daemon.ContainerCommit,
```

```
        "container_changes": daemon.ContainerChanges,
        "container_copy":     daemon.ContainerCopy,
        "container_inspect":  daemon.ContainerInspect,
        "containers":         daemon.Containers,
        "create":             daemon.ContainerCreate,
        "rm":                 daemon.ContainerRm,
        "export":             daemon.ContainerExport,
        "info":               daemon.CmdInfo,
        "kill":               daemon.ContainerKill,
        "logs":               daemon.ContainerLogs,
        "pause":              daemon.ContainerPause,
        "resize":             daemon.ContainerResize,
        "restart":            daemon.ContainerRestart,
        "start":              daemon.ContainerStart,
        "stop":               daemon.ContainerStop,
        "top":                daemon.ContainerTop,
        "unpause":            daemon.ContainerUnpause,
        "wait":               daemon.ContainerWait,
        "image_delete":       daemon.ImageDelete,
        "execCreate":         daemon.ContainerExecCreate,
        "execStart":          daemon.ContainerExecStart,
        "execResize":         daemon.ContainerExecResize,
        "execInspect":        daemon.ContainerExecInspect,
    }
```

▶ 8. 其他

Docker daemon 退出，會給每個容器發 SIGTERM(15) 信號，等待退出。

16.2 原始碼編譯 Docker

下載原始碼：

```
$ git clone https://git@github.com/moby/moby
$ git checkout tags/v1.6.2
```

編譯：

```
$ cd docker
$ sudo make build
$ sudo make binary
```

編譯成功後，在 ./bundles/<version>-dev/binary/ 目錄下就會生成 Docker 可執行的二進位檔案。

> **審註**
>
> 在中國按照官方教學，會在 make build 這一步就會編譯失敗。詳細原因與解決辦法請參照 16.2.1，台灣讀者可以直接跳到 16.2.3。

16.2.1　修改 Dockerfile

> **審註**
>
> 本節是關於「中國網路限制政策導致無法存取特定網站，進而建置造成失敗」的解決辦法。因為臺灣網路沒有受到政府以類似政策的干擾，所以並不會有此問題，臺灣讀者可以直接跳過本節（16.2.1）。

查一下原因，執行 make build 對應的是 Makefile 檔中的下面語句：

```
build: bundles
  docker build -t "$(DOCKER_IMAGE)" .

bundles:
  mkdir bundles
```

我們知道，docker build. 會在目前的目錄下查詢 Dockerfile 檔，生成映像檔。

在 Dockerfile 中，可以看到如下內容：

```
RUN curl -sSL https://golang.org/dl/go1.4.src.tar.gz | tar -v -C /usr/
local -xz
...
RUN go get golang.org/x/tools/cmd/cover
```

知道編譯失敗主要原因，是因為執行這些語句需要存取 golang.org 網站。

解決辦法參考馬全一的「如何在『特殊』的網路環境下編譯 Docker」（https://
my.oschina.net/genedna/blog/335772），做法是把無法存取中國境外網站或速度慢
的網站更改為中國境內的來源。具體步驟如下。

修改內容如下：把預設的 apt 來源由國外改為中國。具體操作在：

```
FROM      ubuntu:14.04
MAINTAINER Meaglith Ma <genedna@gmail.com> (@genedna)
```

之後加入以下內容：

```
RUN echo "deb http://mirrors.aliyun.com/ubuntu trusty main universe"> /
etc/apt/sources.list && \
echo "deb-src http://mirrors.aliyun.com/ubuntu/ trusty main restricted">>
/etc/apt/sources.list && \
echo "deb http://mirrors.aliyun.com/ubuntu/ trusty-updates main
restricted">> /etc/apt/sources.list && \
echo "deb-src http://mirrors.aliyun.com/ubuntu/ trusty-updates main
restricted">> /etc/apt/sources.list && \
echo "deb http://mirrors.aliyun.com/ubuntu/ trusty universe">> /etc/apt/
sources.list && \
echo "deb-src http://mirrors.aliyun.com/ubuntu/ trusty universe">> /etc/
apt/sources.list && \
echo "deb http://mirrors.aliyun.com/ubuntu/ trusty-updates universe">> /
etc/apt/sources.list && \
echo "deb-src http://mirrors.aliyun.com/ubuntu/ trusty-updates universe">>
/etc/apt/sources.list && \
```

```
echo "deb http://mirrors.aliyun.com/ubuntu/ trusty-security main
restricted">> /etc/apt/sources.list && \
echo "deb-src http://mirrors.aliyun.com/ubuntu/ trusty-security main
restricted">> /etc/apt/sources.list && \
echo "deb http://mirrors.aliyun.com/ubuntu/ trusty-security universe">> /
etc/apt/sources.list && \
echo "deb-src http://mirrors.aliyun.com/ubuntu/ trusty-security universe">>
/etc/apt/sources.list
```

修改 lvm2 的獲取來源，把

```
RUN git clone -b v2_02_103 https://git.fedorahosted.org/git/lvm2.git /usr/
local/lvm2
```

修改為

```
RUN git clone --no-checkout https://coding.net/genedna/lvm2.git /usr/
local/lvm2 && cd /usr/local/lvm2 && git checkout -q v2_02_103
```

修改 Golang 的獲取來源，把

```
RUN curl -sSL https://golang.org/dl/go1.3.3.src.tar.gz | tar -v -C /usr/
local -xz
```

修改為

```
RUN curl -sSL https://github.com/golang/go/archive/go1.3.3.tar.gz |tar -v
-C /usr/local -xz && mv /usr/local/go-go1.3.3 /usr/local/go
```

修改 Golang 套件檔 cover 的獲取方式，把

```
RUN go get golang.org/x/tools/cmd/cover
```

修改為

```
RUN     apt-get install -y zip unzip \
&& mkdir -p /go/src/github.com/gpmgo \
&& cd /go/src/github.com/gpmgo \
&& curl -o gopm.zip http://gopm.io/api/v1/download?pkgname=github.com/
gpmgo/gopm\&revision=dev --location \
&& unzip gopm.zip \
&& mv $(ls | grep "gopm-") gopm \
&& rm gopm.zip \
&& cd gopm \
&& go install
RUN     gopm bin -v golang.org/x/tools/cmd/cover
```

Dockerfile 經過上述修改，就可以在 make build 這一步成功。

16.2.2 其他

另外，在執行 make binary 之前，還需要修改 hack/make.sh，把

```
else
  echo >&2 'error: .git directory missing and DOCKER_GITCOMMIT not
specified'
  echo >&2 '  Please either build with the .git directory accessible, or
specify the'
  echo >&2 '  exact (--short) commit hash you are building using DOCKER_
GITCOMMIT for'
  echo >&2 '  future accountability in diagnosing build issues.  Thanks!'
    exit 1
fi
```

中的 exit 1 這行刪除。

編譯成功後，二進位檔案在 ./bundles/<version>-dev/binary/docker-<version> 下。

替換現有 Docker 二進位檔案，方法如下：

```
# service docker stop
# cp /usr/bin/docker /usr/bin/docker_bak
# cp ./bundles/<version>-dev/binary/docker-<version> /usr/bin/docker
# chmod +x /usr/bin/docker
# service docker start
```

16.2.3 編譯原始碼的好處

當我們可以編譯原始碼時，就可以自由修改 Docker，輸出定制的除錯資訊，為 Docker 加入新功能等，甚至回饋我們的程式碼給開源社群。

例 1：在 Docker 中啟動的容器，預設網卡名為 eth0，且原始程式碼中是寫死的，沒有提供設定或參數來修改它。而我們這邊（原作者公司）的使用習慣是用 eth1 作為公司內部網路，如果改為 eth0，就會涉及大量腳本的修改。

我們的做法是把 Docker 原始碼中的 eth0 全部替換為 eth1：

```
$ find ./ -type f -exec grep eth1 {} \;
$ find ./ -type f -exec sed -i s/eth0/eth1/g {} \;
$ find ./ -type f -exec grep eth1 {} \;
```

重新編譯原始碼，替換官方提供的 Docker 二進位執行檔，在新啟動的容器中，可以看到，預設網卡名已經變為 eth1 了。

例 2：為了閱讀和分析原始程式碼，我們想知道，執行一個 Docker 操作，如 docker images，會有哪些函數被調用，調用順序是怎樣的。下一節，我們會詳細講解如何透過修改原始碼，讓函數被調用時輸出函數名稱和它的上層調用者。

16.3　輸出函式呼叫關係

當執行 Docker 操作時，透過 runtime.Caller 列印出哪些函數被調用，然後再針對函數做進一步的分析。

❶ 在 Docker 的 原 始 碼 中 加 入 tdebug/getFuncName.go 檔， 該 檔 定 義 了 GetFuncName() 函數。

❷ 使用 addDebugFunc.sh 調用 change.pl，遍歷 Docker 原始碼根目錄（除 utils 目錄）下所有 *.go（不包含 *_test.go），在每個函數中加入 GetFuncName()，顯示函數的調用關係。

用法：把 addDebugFunc.sh、change.pl 複製到 Docker 原始碼根目錄下，執行：

> **注意！**
>
> - getFuncName.go 請到下列網址下載：
>   https://github.com/jbli/docker-book/blob/master/code/getFuncNmae.go
> - change.pl 請到下列網址下載：
>   https://raw.githubusercontent.com/jbli/docker-book/master/code/change.pl

```
$ sh addDebugFunc.sh
```

然後按照上一節介紹的方法，重新編譯原始碼。

❸ 使用方法如下

清空以前的日誌（log）：

```
$ sudo >/var/log/docker
```

執行一個 Docker 操作：

```
$ docker pull busybox:latest
```

查看結果：

```
$ grep 'frame 1' /var/log/docker  |grep image
```

結果如下：

```
[debug] getFuncName.go:13 ----frame 1:[func:github.com/docker/docker/
image.NewImgJSON,file:/go/src/github.com/docker/docker/image/image.
go,line:262]
[debug] getFuncName.go:13 ----frame 1:[func:github.com/docker/docker/
image.LoadImage,file:/go/src/github.com/docker/docker/image/image.
go,line:42]
[debug] getFuncName.go:13 ----frame 1:[func:github.com/docker/docker/
image.jsonPath,file:/go/src/github.com/docker/docker/image/image.
go,line:127]
[debug] getFuncName.go:13 ----frame 1:[func:github.com/docker/docker/
image.(*Image).SetGraph,file:/go/src/github.com/docker/docker/image/image.
go,line:113]
[debug] getFuncName.go:13 ----frame 1:[func:github.com/docker/docker/
image.NewImgJSON,file:/go/src/github.com/docker/docker/image/image.
go,line:262]
[debug] getFuncName.go:13 ----frame 1:[func:github.com/docker/docker/
image.NewImgJSON,file:/go/src/github.com/docker/docker/image/image.
go,line:262]
[debug] getFuncName.go:13 ----frame 1:[func:github.com/docker/docker/
image.NewImgJSON,file:/go/src/github.com/docker/docker/image/image.
go,line:262]
[debug] getFuncName.go:13 ----frame 1:[func:github.com/docker/docker/
image.(*Image).SetGraph,file:/go/src/github.com/docker/docker/image/image.
go,line:113]
[debug] getFuncName.go:13 ----frame 1:[func:github.com/docker/docker/
image.StoreImage,file:/go/src/github.com/docker/docker/image/image.
go,line:76]
[debug] getFuncName.go:13 ----frame 1:[func:github.com/docker/docker/
```

```
image.(*Image).SaveSize,file:/go/src/github.com/docker/docker/image/image.
go,line:119]
[debug] getFuncName.go:13 ----frame 1:[func:github.com/docker/docker/
image.jsonPath,file:/go/src/github.com/docker/docker/image/image.
go,line:127]
[debug] getFuncName.go:13 ----frame 1:[func:github.com/docker/docker/
image.(*Image).SetGraph,file:/go/src/github.com/docker/docker/image/image.
go,line:113]
[debug] getFuncName.go:13 ----frame 1:[func:github.com/docker/docker/
image.StoreImage,file:/go/src/github.com/docker/docker/image/image.
go,line:76]
[debug] getFuncName.go:13 ----frame 1:[func:github.com/docker/docker/
image.(*Image).SaveSize,file:/go/src/github.com/docker/docker/image/image.
go,line:119]
[debug] getFuncName.go:13 ----frame 1:[func:github.com/docker/docker/
image.jsonPath,file:/go/src/github.com/docker/docker/image/image.
go,line:127]
[debug] getFuncName.go:13 ----frame 1:[func:github.com/docker/docker/
image.(*Image).SetGraph,file:/go/src/github.com/docker/docker/image/image.
go,line:113]
[debug] getFuncName.go:13 ----frame 1:[func:github.com/docker/docker/
image.StoreImage,file:/go/src/github.com/docker/docker/image/image.
go,line:76]
[debug] getFuncName.go:13 ----frame 1:[func:github.com/docker/docker/
image.(*Image).SaveSize,file:/go/src/github.com/docker/docker/image/image.
go,line:119]
[debug] getFuncName.go:13 ----frame 1:[func:github.com/docker/docker/
image.jsonPath,file:/go/src/github.com/docker/docker/image/image.
go,line:127]
[debug] getFuncName.go:13 ----frame 1:[func:github.com/docker/docker/
image.LoadImage,file:/go/src/github.com/docker/docker/image/image.
go,line:42]
[debug] getFuncName.go:13 ----frame 1:[func:github.com/docker/docker/
image.jsonPath,file:/go/src/github.com/docker/docker/image/image.
go,line:127]
```

```
[debug] getFuncName.go:13 ----frame 1:[func:github.com/docker/docker/
image.(*Image).SetGraph,file:/go/src/github.com/docker/docker/image/image.
go,line:113]

grep -v  'frame 1' /var/log/docker |grep -v 'getFuncName.go:9
GetFuncName'|grep -v mux |sed  /^$/d |wc -l
debug] getFuncName.go:13 ----frame 1:[func:github.com/docker/docker/
daemon/networkdriver.GetIfaceAddr,file:/go/src/github.com/docker/docker/
daemon/networkd river/utils.go,line:88]
[debug] getFuncName.go:13 ----frame 1:[func:github.com/docker/docker/
daemon/networkdriver/bridge.setupIPTables,file:/go/src/github.com/docker/
docker/daemon/
networkdriver/bridge/driver.go,line:191]

[debug] getFuncName.go:13 ----frame 1:[func:github.com/docker/docker/
pkg/iptables.Exists,file:/go/src/github.com/docker/docker/pkg/iptables/
iptables.go,line
:153]
[debug] getFuncName.go:13 ----frame 1:[func:github.com/docker/docker/pkg/
iptables.Raw,file:/go/src/github.com/docker/docker/pkg/iptables/iptables.
go,line:17
8]

[debug] getFuncName.go:13 ----frame 1:[func:github.com/docker/docker/
daemon/networkdriver/portmapper.SetIptablesChain,file:/go/src/github.com/
docker/docker/daemon/networkdriver/portmapper/mapper.go,line:39]
DefaultNetworkBridge    = "docker0"
```

Docker client 也可以使用 -D 來輸出 debug 日誌。這些資訊，對我們了解 Docker 的原始碼結構和呼叫關係非常有幫助。

16.4　本章小結

作為本書的最後一章，我們介紹了 Docker 的原始碼結構和如何修改與編譯
Docker，為讀者更深入學習研究 Docker 提供了一種新方向。

第一次用 Docker 就上手

作　　者：李金榜 / 尹燁 / 劉天斯 / 陳純
審　　校：若虛(林書緯)
企劃編輯：莊吳行世
文字編輯：王雅雯
設計裝幀：張寶莉
發 行 人：廖文良

發 行 所：碁峰資訊股份有限公司
地　　址：台北市南港區三重路 66 號 7 樓之 6
電　　話：(02)2788-2408
傳　　真：(02)8192-4433
網　　站：www.gotop.com.tw
書　　號：ACA023400
版　　次：2017 年 09 月初版
建議售價：NT$420

國家圖書館出版品預行編目資料

第一次用 Docker 就上手 / 李金榜，尹燁，劉天斯，陳純原著.
-- 初版. -- 臺北市：碁峰資訊, 2017.09
　面；　公分
ISBN 978-986-476-487-7(平裝)
1.作業系統
312.54　　　　　　　　　　　　　　　　106011061

讀者服務

● 感謝您購買碁峰圖書，如果您
對本書的內容或表達上有不清
楚的地方或其他建議，請至碁
峰網站：「聯絡我們」\「圖書問
題」留下您所購買之書籍及問
題。(請註明購買書籍之書號及
書名，以及問題頁數，以便能
儘快為您處理)
http://www.gotop.com.tw

● 售後服務僅限書籍本身內容，
若是軟、硬體問題，請您直接
與軟體廠商聯絡。

● 若於購買書籍後發現有破損、
缺頁、裝訂錯誤之問題，請直
接將書寄回更換，並註明您的
姓名、連絡電話及地址，將有
專人與您連絡補寄商品。

● 歡迎至碁峰購物網
http://shopping.gotop.com.tw
選購所需產品。